Excel革命！

超级数据透视表 **Power Pivot**
与数据分析表达式 **DAX** 快速入门

林书明 / 著

电子工业出版社
Publishing House of Electronics Industry
北京·BEIJING

内 容 简 介

Power Pivot，又称超级数据透视表，是 Excel 中一个全新的、强大的数据分析工具，堪称 Excel 的一项革命性的更新。本书将带你快速学习并掌握 Power Pivot 数据建模与 DAX（数据分析表达式）的相关内容，帮助你显著提升 Excel 数据分析能力。

本书在 Power Pivot 与 DAX 的讲解上具有一定的新颖性、独创性，读者对象为具有一定 Excel 基础，并且对传统 Excel 数据透视表有所了解的 Excel 中高级用户。希望读者通过阅读本书，能够在较短的时间内熟悉并使用 Power Pivot 和 DAX。

图书在版编目（CIP）数据

Excel 革命！超级数据透视表 Power Pivot 与数据分析表达式 DAX 快速入门 / 林书明著 . —北京：电子工业出版社，2020.7

ISBN 978-7-121-39079-1

Ⅰ . ① E… Ⅱ . ①林… Ⅲ . ①表处理软件 Ⅳ . ① TP391.13

中国版本图书馆 CIP 数据核字（2020）第 099465 号

责任编辑：张慧敏　　　特约编辑：田学清
印　　刷：涿州市般润文化传播有限公司
装　　订：涿州市般润文化传播有限公司
出版发行：电子工业出版社
　　　　　北京市海淀区万寿路 173 信箱　　邮编：100036
开　　本：720×1000　1/16　印张：17.25　字数：348 千字
版　　次：2020 年 7 月第 1 版
印　　次：2023 年 8 月第 6 次印刷
定　　价：79.00 元

前　言

Power Pivot 在本书中称为超级数据透视表，是 Excel 中一个全新的、非常强大的数据分析工具。Power Pivot 除了具有传统 Excel 数据透视表的大部分功能，还能够借助 Power Pivot 数据模型及一套名为 DAX（数据分析表达式）的函数与公式体系完成诸多传统 Excel 数据透视表难以完成的数据分析业务。

本书是作者多年研究和应用 Power Pivot 与 DAX 的经验与成果的总结。在这几年中，作者阅读了大量关于 Power Pivot 与 DAX 的外文资料，在反复理解、深入思考的基础上，将碎片知识系统化、通俗化，最终编写成此书。本书在 Power Pivot 与 DAX 内容的讲解上具有一定的独创性。

Power Pivot 作为 Excel 中的一个全新插件，具有一套非常系统化的逻辑，因此对 Power Pivot 知识必须从始至终系统化地学习。学习 Power Pivot，读者必须认真理解一些基本概念。本书的风格正像作者其他几部作品一样，对于学习中的难点，作者会深入浅出、循序渐进地讲解，并且适当重复，从而使读者加深理解。

Power Pivot 与数据库的关系

书中多次提到"数据库"这个词，事实上，Power Pivot 本质上也是一种数据库，只是与传统的关系型数据库有所区别。这里需要提醒那些已经对关系型数据库有所了解的读者：虽然 Power Pivot 本质上也是一种数据库，但 Power Pivot 与关系型数据库在工作模式上具有很大的差别。

Power Pivot 有自己独特的工作模式，读者已有的关于关系型数据库的知识有时不但不会帮助你理解 Power Pivot，还会因为思维定式成为你学习 Power Pivot 数据模型的障碍。在这一点上，请已经对传统关系型数据库有所了解的读者留意。

换个角度来说，对于大多数对关系型数据库不了解的 Excel 用户，没有关系型数据库知识框架的束缚，你可能更容易接受和掌握 Power Pivot 数据模型的相关知识。这对大多数 Power Pivot 学习者来说，应该是一个好消息。

与传统的关系型数据库相比，我们可以将 Power Pivot 理解为抽取型数据库。抽取型数据库是作者为帮助读者具象地理解 Power Pivot 数据模型提出的概念。关于抽取型数据库的具体内容，作者会在本书中进行详细讲解。

Power Pivot 学习之道

必须承认，作者在学习 Power Pivot 过程中，也曾遇到一些困惑，甚至在没有摸清 Power Pivot 学习门道之前曾一度怀疑：如果一个软件如此让人难以理解，是不是这个软件一开始的设计思路就出了问题？

不止作者一个人有这种疑问，一位作者尊敬的、已经出版了数本 Power Pivot 相关图书的国外专家，曾在一本书里承认，为了能够精确理解 Power Pivot 中的某个概念，他花了几年时间！

幸运的是，本书读者不用再担心这个问题了，因为经过长时间的反复学习和深入思考，作者相信已经找到一种独创的、与其他 Power Pivot 相关图书讲解方式完全不同的、能使读者快速理解和掌握 Power Pivot 的学习方法。通过学习本书，你会发现，Power Pivot 的设计理念非常精妙，不愧是微软在数据分析工具方面的又一伟大创新！

但必须承认，对于普通 Excel 用户，Power Pivot 与 DAX 的相关知识确实有一定的难度，深入浅出地讲解 Power Pivot 确实是一个不小的挑战。为此，作者抛弃了传统的 Power Pivot 学习套路，用创新的方法，将复杂的概念形象化、通俗化，尽最大努力使普通 Excel 用户也能很快掌握。

Power Pivot 与 DAX

Power Pivot 与 DAX，作为 Excel 中的革命性分析工具，真的会完全颠覆你对 Excel 数据分析能力的想象。阅读本书，你一定会觉得为此投入的精力是值得的。请相信，本书所讲的内容，哪怕只是部分掌握，你的数据分析能力也会毫不费力地超越那些从未接触过 Power Pivot 的人士，实现弯道超车。

最后，关于本书，作者还要说明以下两点。

第一，本书不是一本大而全的 Power Pivot 参考书，而是一本朴素的 Power Pivot 入门引导书。希望通过学习本书，读者能够以正确的姿态，快速、轻松地"入门"，并且能够举一反三，为以后的深入学习奠定坚实的基础。

第二，Power Pivot 目前正处于快速更新和优化中。本书是作者在对 Power Pivot 学习和探索的过程中积累的经验与感悟的阶段性总结，因此难免存在一些错误，希望读者在阅读本书的过程中，结合自己的理解和思考，对本书中需要更新和改进之处不吝指教，以便在再版时修正。

作者：林书明

【读者服务】

- 获取博文视点学院 20 元付费内容抵扣券
- 获取本书配套数据文件
- 获取更多技术专家分享资源
- 加入读者交流群，与本书作者互动

微信扫码回复：39079

目 录

第 *1* 章 Power Pivot，超级数据透视表 1

1.1 传统 Excel 数据透视表的能力与局限 1

　1.1.1 传统 Excel 数据透视表的能力 1

　1.1.2 传统 Excel 数据透视表的局限 4

1.2 Power Pivot 在数据分析方面的优势 4

　1.2.1 多表关联能力 4

　1.2.2 功能更加丰富 7

　1.2.3 更快的运算速度 8

1.3 Power Pivot，数据分析更智能 8

第 *2* 章 Power Pivot，单表操作 10

2.1 传统 Excel 数据透视表的工作原理 10

2.2 Power Pivot，Excel 革命 16

2.3 Power Pivot 数据模型管理界面 19

　2.3.1 从 Pivot Table 到 Power Pivot 19

　2.3.2 Power Pivot 中的自定义运算方法 23

　2.3.3 Power Pivot 中的度量值表达式与计算列公式 25

　2.3.4 最重要的函数——CALCULATE() 函数 26

2.4 Power Pivot 与 DAX 函数 29

　2.4.1 筛选限制移除函数——ALL() 函数 30

　2.4.2 ALL() 函数与 ALLEXCEPT() 函数 36

　2.4.3 CONCATENATEX() 函数与 VALUES() 函数 37

　2.4.4 筛选函数——FILTER() 函数 40

2.4.5　CALCULATE() 函数与 FILTER() 函数 43

2.4.6　DAX 表达式与 Power Pivot 超级数据透视表布局 48

2.4.7　关于 CALCULATE() 函数的类比 50

2.4.8　返回表的 CALCULATETABLE() 函数 52

2.4.9　逐行处理汇总函数 SUMX() 55

2.5　Power Pivot 的初步总结 59

第 3 章　Power Pivot，多表建模 61

3.1　Power Pivot 数据模型的建立 61

3.1.1　数据的获取 61

3.1.2　使用 Power Pivot 的数据建模能力 62

3.1.3　一花一世界，一表一主题 63

3.1.4　表中的关键字与非重复值 66

3.1.5　表间的关联关系 67

3.1.6　无数据模型，不 Power Pivot 71

3.1.7　表间的上下级关系 73

3.1.8　用 DAX 思考，Think in DAX 73

3.2　Power Pivot 多表数据模型中的计算列 76

3.2.1　RELATED() 函数与 RELATEDTABLE() 函数 77

3.2.2　字符串连接函数 CONCATENATEX() 83

3.3　Power Pivot 多表数据模型中的度量值表达式 85

3.3.1　计算列公式与度量值表达式在用途上的区别 85

3.3.2　将 CONCATENATEX() 函数用于度量值表达式中 87

3.4　VALUES() 函数与 DISTINCT() 函数 88

3.4.1　VALUES() 函数 88

3.4.2　DISTINCT() 函数 90

3.5　表间筛选、表内筛选与 ALL() 函数 91

3.6　CALCULATE() 函数与 CALCULATETABLE() 函数 97

3.7　逐行处理函数——SUMX() 函数与 RANKX() 函数 100

3.7.1　SUMX() 函数的进一步研究 100

3.7.2　SUMX() 函数与 RELATEDTABLE() 函数 107

3.7.3　以 X 结尾的逐行处理函数的特点 108

　　　3.7.4　有点儿不一样的 RANKX() 函数 114

　3.8　DAX 表达式与 Power Pivot 数据模型密不可分 119

　　　3.8.1　当前表、上级表与下级表 121

　　　3.8.2　DAX 表达式与 Power Pivot 数据模型 123

　　　3.8.3　筛选的是列，控制的是表 126

第 4 章　几个重要的 DAX 函数再探讨 129

　4.1　DAX 核心函数——CALCULATE() 函数 129

　　　4.1.1　关于 CALCULATE() 函数的一个重要事实 130

　　　4.1.2　CALCULATE() 函数的基本能力 132

　　　4.1.3　计算列公式中的 CALCULATE() 函数 134

　　　4.1.4　CALCULATE() 函数的应用场景总结 139

　4.2　FILTER() 函数与 CALCULATE() 函数 139

　4.3　Power Pivot 多表数据模型中的 ALL() 函数 142

　　　4.3.1　ALL() 函数的参数是表中的一列 143

　　　4.3.2　ALL() 函数的参数是一个表 146

　　　4.3.3　ALL() 函数的参数是一个表中的多列 147

　　　4.3.4　Power Pivot 多表数据模型中关联字段的筛选效果 150

　　　4.3.5　Power Pivot 多表数据模型中的 ALL() 函数应用 153

　4.4　直接筛选和交叉筛选 157

　　　4.4.1　直接筛选判定函数 ISFILTERED() 157

　　　4.4.2　交叉筛选判定函数 ISCROSSFILTERED() 157

　4.5　单一值判断函数 HASONEVALUE() 162

　4.6　筛选叠加函数 KEEPFILTERS() 164

　4.7　有点难度的 ALLSELECTED() 函数 167

　4.8　ALLSELECTED() 函数的应用 172

　4.9　在 DAX 表达式中使用 VAR 变量技术 173

第 5 章　日期表与日期智能函数 180

　5.1　日期表：标记与自动生成 181

　5.2　DAX 中的日期智能函数 185

　　　5.2.1　SAMEPERIODLASTYEAR() 函数 185

5.2.2　DATESYTD() 函数 189

5.2.3　TOTALYTD() 函数 190

第 6 章　DAX 中的一些重要概念与函数 192

6.1　Power Pivot 中的数据类型 192

6.2　逐行处理函数再探讨 194

6.3　CALCULATE() 函数再回顾 199

6.4　创建 Power Pivot 数据模型中的临时维度表 202

6.5　USERELATIONSHIP() 函数 205

6.6　EARLIER() 函数 209

第 7 章　DAX 分析结果的表呈现 214

7.1　查询求值指令 EVALUATE 214

7.2　用于表再造的函数 219

7.2.1　分组汇总函数 SUMMARIZE() 219

7.2.2　增加计算列函数 ADDCOLUMNS() 224

7.2.3　构造新表函数 SELECTCOLUMNS() 226

7.2.4　生成只有一行的表的函数 ROW() 228

7.2.5　在 EVALUATE 指令中使用度量值表达式 229

7.3　几个仿 SQL 查询功能的 DAX 函数 230

7.3.1　交集查询函数 INTERSECT() 230

7.3.2　交叉连接函数 CROSSJOIN() 232

7.3.3　将两个表做减法的函数 EXCEPT() 233

7.3.4　连接表函数 UNION() 234

7.3.5　IN 操作符与 CONTAINSROW() 函数 235

第 8 章　Power Pivot 与 DAX 的综合案例 241

后记 264

第1章

Power Pivot，超级数据透视表

Power Pivot，俗称超级数据透视表，是微软公司研发的嵌入 Excel 中的商务智能（Business Intelligence，BI）组件。微软为了在电子表格软件市场上保持竞争优势，将商务智能理念应用到了 Excel 中。

Power Pivot 是 Excel 中非常强大的商务智能组件，它采用全新的 Power Pivot 数据模型理念和一套被称为 DAX（Data Analysis Expressions，数据分析表达式）的函数与公式体系。

1.1　传统 Excel 数据透视表的能力与局限

本书所说的传统 Excel 数据透视表，是指在 Power Pivot 出现之前，我们经常使用的 Excel 数据透视表（Pivot Table）。无论是传统 Excel 数据透视表 Pivot Table，还是超级数据透视表 Power Pivot，它们都能够批量、快速地对大量数据进行多维度汇总计算，从而使我们能够从各个视角对数据进行观察和分析。这里的"从各个视角"，就是数据透视表中"透视"二字的来历。下面讲解传统 Excel 数据透视表在数据分析方面的能力和局限。

1.1.1　传统 Excel 数据透视表的能力

下图是传统 Excel 数据透视表的典型外观，该数据透视表的数据源为一个假想的小型书店的销售数据。该数据透视表将该书店销售的图书按照图书子类和图书封面

颜色进行分组，得到了各个组合中图书销售的总册数。在下图中，我们将图书子类（11 机械、12 电子、13 网络等）和图书封面颜色（橙、赤、黄等）分别称为数据透视表的"行标题"和"列标题"。

在数据透视表中，根据数据分析的需求，当将光标置于数据透视表中的任意单元格时，可以从 Excel 工作表界面右侧的"数据透视表字段"视图中拖曳数据源中任意字段到数据透视表相应区域，从而动态、快速地改变数据透视表的布局结构，并且立即得到变化后的数据分析结果。

我们从 Excel 工作表界面右侧的"数据透视表字段"视图中可以看到，在数据透视表中，我们可以放置数据源字段的区域有以下几个：1. 筛选区（筛选）、2. 行标题区域（行）、3. 列标题区域（列）、4. 值区域（值）。"数据透视表字段"视图中的这些区域分别对应着数据透视表的不同部分。

这里需要说明的是，在数据透视表中，"行标题"和"列标题"也可以称作"行标签"和"列标签"。在本书中，我们使用"行标题"和"列标题"，作者感觉这样的称呼更贴切。

传统 Excel 数据透视表除了具有上述常见区域，还可以添加看起来"高大上"的切片器控件和日程表控件。下图是添加了切片器控件和日程表控件的数据透视表。为了更加直观地了解数据透视表的整体布局，我们给数据透视表的每个区域都标记了相应的名称。在下图中，我们对数据透视表布局做了一些更改，将数据透视表列标题改成了图书的原始单价。

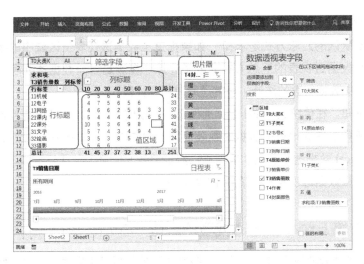

接下来，我们重点关注一下数据透视表值区域，如下图所示。数据透视表值区域的本质是数据透视表汇总结果的呈现区。在数据透视表值区域中，不但能够快速地对数字字段进行默认求和操作，还可以通过改变数据透视表"值字段设置"对话框中的"值汇总方式"，对数据源中指定的字段进行计数、计算平均值、计算最大值、计算最小值、计算方差等批量汇总操作。

在传统 Excel 数据透视表中，除了前面提到的各种常见的汇总方式，还可以通过设置数据透视表"值字段设置"对话框中的"值显示方式"，从而在值区域中得到针对某特定字段的差异、差异百分比等较为复杂的汇总结果，甚至可以在传统 Excel 数据透视表中增加更加灵活的计算字段或计算项等自定义计算内容。

在一般情况下，如果拖曳至数据透视表值区域中的字段是数字类型数据，那么数据透视表默认的汇总方式是求和；如果拖曳至数据透视表值区域中的字段是文本类型，那么数据透视表的汇总方式变成了计算"在满足当前数据透视表布局限制下的"数据源中数据行数的统计（也就是所谓的"计数"）。

综上可知，在传统的 Excel 数据透视表中，我们不但可以快速地变换数据透视表的布局，还可以快速地改变数据透视表值区域中指定字段的数据汇总方式。这样看来，传统 Excel 数据透视表的功能似乎已经足够强大，那为什么还要搞出一个 Power Pivot，即超级数据透视表呢？请看 1.1.2 节。

1.1.2　传统 Excel 数据透视表的局限

尽管传统 Excel 数据透视表提供了各种灵活的数据汇总方式，但这些数据汇总方式大多是在 Excel 数据透视表中预置好的，我们只能在已有的数据汇总方式中选择，却不能对这些已有的数据汇总方式进行自定义修改和补充，这就是传统 Excel 数据透视表的最大局限。

我们知道，Excel 数据透视表是用于汇总数据的，而用户对数据的汇总方式往往是千变万化、难以预测的，如果 Excel 数据透视表不能满足我们这个需求，则永远是它的一个硬伤。

接下来，我们将列举几个场景来介绍传统 Excel 数据透视表在功能上的不足，以及为什么 Power Pivot，即超级数据透视表终将"革"了传统 Excel 数据透视表的"命"。

1.2　Power Pivot 在数据分析方面的优势

尽管传统的 Excel 数据透视表已经很强大了，但在学习了 Power Pivot 之后，你就会深深地体会到，Power Pivot 中的 Power 确实是所言不虚。下面我们通过几个数据分析场景来看看 Power Pivot 的特殊能力。

1.2.1　多表关联能力

分析对象的原始数据通常称为数据源。传统 Excel 数据透视表只能对单一的表进行数据分析，它的数据源只能是一个独立的大表。尽管后来传统 Excel 数据透视表也提供了初步的多表关联功能，但这个功能非常原始，远远满足不了我们日益复杂的数据分析需求。

在一般情况下，作为传统 Excel 数据透视表分析对象的大表（数据源）可能由公司 IT 部门提供，可能是我们直接链接公司数据库中的表，也可能是本部门业务数据的积累。我们通常将这些不由自己控制的数据称为外部数据。

此外，这个"大表"往往缺少一些满足特定数据分析需求的、至关重要的信息。例如，本部门自定义的数据分组规则，一些绩效指标等级划分，等等。我们通常将这些由本部门自行维护的数据称为本地数据。

在数据分析实践中往往需要将这些本地数据与外部数据进行关联，得出各种分组划分标准下的数据分析结果。对于这种情况，不完美的解决方案是，利用 Excel 中的 VLOOKUP() 函数提取本地数据并将其合并到已经导入 Excel 中的外部数据表（简称表）中，然后进行数据透视操作。这种方法虽然可以暂时解决问题，但每次更新原始数据，我们都要检查一次 VLOOKUP() 函数是否正确地计算了全部数据，明显降低了数据分析工作的效率，并且有潜在的数据分析质量风险。

我们可以利用 Power Pivot 的多表关联能力（也称为 Power Pivot 的数据建模能力），将来自不同数据源的多个表按照表间的逻辑关系关联到一起，从数据源头建立起表间的关联关系，使数据提取和分析的过程浑然一体。

就这样，一旦建立数据分析逻辑，我们就可以用一键刷新的方式快速得到最新的数据分析结果，从而实现数据分析的流程化、自动化。在 Power Pivot 数据模型管理界面中将多个表按照表间的逻辑关系关联起来，如下图所示。

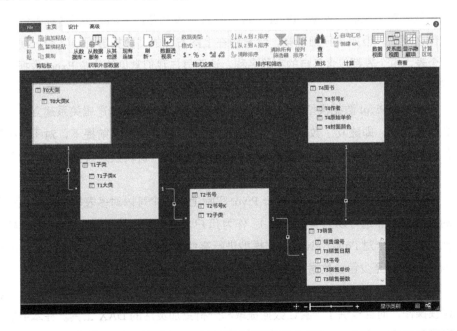

下图是基于上图所示的 Power Pivot 数据模型建立的 Power Pivot 超级数据透视表，它能够建立数据模型，并且基于数据模型进行分析，是 Power Pivot 超级数据透

视表和传统 Excel 数据透视表的本质区别。因此，我们将基于 Power Pivot 数据模型建立的数据透视表统称为 Power Pivot。Power Pivot 的特点是数据在 Power Pivot 数据模型中存储和管理，数据分析结果在 Power Pivot 超级数据透视表中呈现。

单从外观上来看，Power Pivot 超级数据透视表和传统 Excel 数据透视表似乎并没有什么不同，但如果仔细观察，会看到在上图右侧的 "数据透视表字段" 视图中有五个表，每个表都包含各自的字段名称，这明显与我们常见的传统 Excel 数据透视表不同。

在 Power Pivot 数据模型管理界面中，我们根据表内容间的逻辑关系建立了表与表之间的关联，即建立了数据模型。在已经建立了数据模型的前提下，对于一些数据分析操作，我们就可以将本来比较复杂的多表关联分析转换为直接将不同字段拖曳至数据透视表的相应区域的简单拖曳操作。

从数据建模的角度来看，Power Pivot 实际上是一个可以对多表数据模型进行分析的工具（当然也可以只有一个表）。作为用户，我们可以将 Power Pivot 超级数据透视表看成一个对 Power Pivot 数据模型进行高级查询的工具。因此，我们对 Power Pivot 的学习，至少包含数据建模和数据分析两方面内容。

事实上，区别于传统 Excel 数据透视表，Power Pivot 不仅能够对多个表进行数据建模操作，而且提供了一套让数据提取和分析更加灵活的 DAX 工具。在本书的前面章节中主要介绍 Power Pivot 单表数据模型和一些基本的 DAX 函数；在本书的后面章节中会详细讲解 Power Pivot 数据建模知识和相关数据分析方法。

1.2.2　功能更加丰富

在 Power Pivot 出现之前，传统 Excel 数据透视表可谓是独领风骚。传统 Excel 数据透视表除了能够对拖曳至值区域中的字段进行基本的批量求和计算，还能够使用数据透视表的一些预置选项实现其他常用类型的汇总计算，如求平均值、求方差、计数等。

然而，这些在传统 Excel 数据透视表中已经预置好的、不可改变的数据透视表汇总计算大大限制了传统 Excel 数据透视表的能力。要满足超出传统 Excel 数据透视表预置汇总计算能力的、复杂的数据分析需求，我们不得不使用传统 Excel 数据透视表之外的方法。例如，如果需要对数据源中某个字段进行不重复计数，或者对数据源中某文本字段按组别合并到数据透视表值区域中对应的单个单元格，则几乎无法使用传统 Excel 数据透视表的内置能力实现。但是 Power Pivot 超级数据透视表为我们提供了一套全新的 DAX 函数，利用它解决传统 Excel 数据透视表的上述难题变得轻而易举。

在 Power Pivot 的世界中，我们几乎可以应对所有传统 Excel 数据透视表无法解决的难题，唯一限制我们的是对 Power Pivot 数据模型理解的深度和对 DAX 表达式应用的熟练程度，而这些完全可以通过持续的学习和实践来提升。

使 DAX 表达式实现在 Power Pivot 超级数据透视表值区域中的单元格中显示每个图书子类下所销售图书书名的不重复列表，如下图所示。这种分析结果在传统 Excel 数据透视表中是无法得到的，而在 Power Pivot 中，使用一个简单的 DAX 函数即可得到。

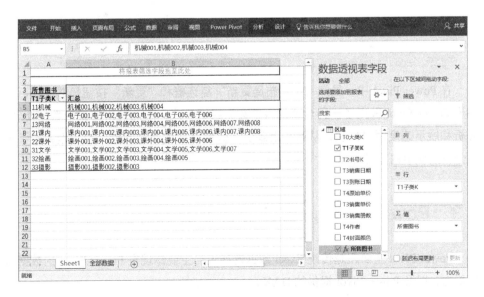

1.2.3　更快的运算速度

　　传统 Excel 数据透视表存在一个严重的问题，就是运算的执行速度。经常使用传统 Excel 数据透视表的读者可能都知道，如果分析的数据量较大，那么哪怕只是简单地更改数据透视表的布局，也会等待相当长的时间。

　　其实 Excel 软件的开发者也知道这个问题的存在，并且提供了一个并不优雅的解决方案。他们在传统 Excel 数据透视表的"数据透视表字段"视图下方设计了一个"延迟布局更新"的复选框，在勾选这个复选框后，当我们在"数据透视表字段"视图中拖曳字段时，数据透视表不会在每次布局改变后立即实时显示新的分析结果，而是在确定数据透视表的最终布局后，通过单击旁边的"更新"按钮对数据透视表进行一次性的全面计算和更新。

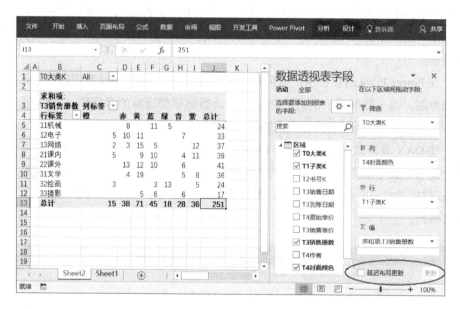

　　在 Power Pivot 中，虽然"推迟布局更新"复选框和"更新"按钮仍然存在，但由于 Power Pivot 采用了一种全新的内部数据组织方式，因此针对海量的数据处理、分析和展示速度明显加快，从源头上解决了数据处理的速度问题，明显地减少了数据分析过程中的等待时间。

1.3　Power Pivot，数据分析更智能

　　Power Pivot 全面超越传统 Excel 数据透视表，主要体现在 Power Pivot 的数据建模能力，以及 Power Pivot 提供的 DAX。

在传统 Excel 数据透视表中，大部分数据汇总方法都限制在数据透视表的界面操作，我们只能使用几种已经预置好、不可自行改变的数据汇总方法，很难实现稍微复杂的自定义数据分析操作。现在有了 Power Pivot 和 DAX，这一切都会改变！

Power Pivot 提供了九大类约两百个 DAX 函数，虽然 DAX 函数数量众多，但是这些 DAX 函数与 Excel 函数中的几百个工作表函数一样，每个特定用户经常使用的函数只有一二十个，而且在这一二十个函数中，除了几个特别的函数外（如 CALCULATE() 函数），其他大多数函数与 Excel 工作表函数用法类似，甚至连函数名都一样。

本书我们重点研究 Power Pivot 特有的、对理解 Power Pivot 数据模型至关重要的 DAX 函数。对于其他大多数函数，只要你有 Excel 工作表函数的使用经验，那么只要一看名称，就知道如何使用它们了。

Power Pivot 虽然名称中包含 Pivot，并且外观布局与传统 Excel 数据透视表（Pivot Table）基本相似，但我们必须了解，Power Pivot 本质上是一个数据库，DAX 本质上是一种数据库查询语言。与传统数据库查询语言不同的是，DAX 更强调数据分析。

在 Power Pivot 中，我们可以在 Power Pivot 数据模型管理界面中，依据各个数据表间的实际业务逻辑建立表间的关联关系，即数据建模。在创建好 Power Pivot 数据模型后，即可通过 DAX 表达式对数据模型进行各种操作，最终得到我们所需的结果。

DAX 表达式能够对 Power Pivot 背后的数据模型进行操作，这是 Power Pivot 区别于传统 Excel 数据透视表的重要因素。因此，我们在学习 Power Pivot 时，必须时刻牢记 Power Pivot 数据模型的概念，只有这样，才能真正理解和掌握 Power Pivot 的精髓，做到举一反三。

你可能会想：这里又是 DAX 又是模型的，难道是故意要把读者搞迷糊吗？非也！这里只是想给读者一个初步印象，使读者了解在 Power Pivot 中有数据模型和 DAX 的概念。在本书的后续章节中会对这些概念进行详细讲解。

Power Pivot 的设计目的是使商务数据分析更智能、更易上手。作者认为微软公司研发这个产品的目的是，通过 Power Pivot 组件，使普通 Excel 用户也能搞定那些以前只有数据分析专业人员才能完成的数据分析任务。就让我们先人一步，一起学习 Excel 中的革命性分析工具——Power Pivot 吧！

第 **2** 章

Power Pivot，单表操作

传统 Excel 数据透视表的数据源通常只有一个表，因此在 Power Pivot 的讲解中，我们从 Power Pivot 的单表操作讲起。

在讲解 Power Pivot 之前，我们先回顾一下传统 Excel 数据透视表的工作原理，因为尽管传统 Excel 数据透视表和 Power Pivot 在内部数据组织逻辑方法上有很大差异，但在数据呈现层面，二者几乎完全一致，回顾传统 Excel 数据透视表的工作原理能使我们更轻松地进入 Power Pivot 世界。

如果你对传统 Excel 数据透视表的工作原理并不熟悉，那么这是一个很好的回顾机会，因为深刻理解传统 Excel 数据透视表的工作原理对学习 Power Pivot 有很大帮助。

2.1 传统 Excel 数据透视表的工作原理

本书的案例素材是一份假想的小型书店的销售数据库，尽管是虚拟数据，但这份数据是根据企业实际情况合理构造出来的，为了方便学习，做了专门的设计，比真实生产数据更适合 Power Pivot 学习使用。

我们之所以使用虚拟数据而不使用真实数据，第一个原因是使数据尽量涵盖学习 Power Pivot 的所有方面；第二个原因是避免真实数据中存在的干扰数据，使读者将有限的学习精力集中于最重要的内容上。

假设在这个小型书店中，店员每销售一本书，计算机都会在图书销售系统数据库中生成一条销售记录。虽然原始数据存储于销售系统数据库中，但由于大部分业务系统都有数据导出功能，因此，为了使读者快速熟悉数据，我们将图书销售系统数据库中的数据导出到了 Excel 文件中，如下图所示。

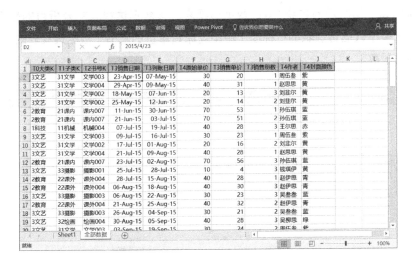

在上图中的图书销售数据中，第一行是表的列标题（又称为字段名称），从第二行开始，表中的每行（又称为每条记录）都代表一次销售事件。表中的每列内容都是由列标题表示的图书销售数据的不同属性。该数据表中每列的具体内容如下：

A. 所售图书所属的图书大类（T0 大类 K）。

B. 所售图书所属的图书子类（T1 子类 K）。

C. 所售图书的图书名称，这里用书号表示（T2 书号 K）。

D. 图书销售事件的发生时间（T3 销售日期）。

E. 销售事件的销售款到账日期（T3 到账日期）。由于 Power Pivot 的学习需要，我们假设书店不一定能在销售事件发生当日立即收到销售款。

F. 所售图书的原始单价（T4 原始单价）。

G. 所售图书的实际售价（T3 销售单价）。

H. 销售事件的图书销售册数（T3 销售册数）。

I. 所售图书的作者（T4 作者）。

J. 所售图书的封面颜色（T4 封面颜色）。这一列内容纯粹是为了学习 Power Pivot 设计的，真实的图书销售系统一般不会专门记录这个属性。

下面，我们基于该数据源制作一个传统 Excel 数据透视表，具体方法如下：

选中数据源，选择"插入"→"表"→"数据透视表"命令，在新生成的 Excel 工作表中插入数据透视表，并且按照下图，在 Excel 数据透视表界面右侧的"数据透视表字段"视图中，分别在行区域、列区域、值区域、筛选区域用鼠标拖入相应字段。

Excel 数据透视表是可以直接与外部数据源动态连接的，因此在当前案例中，为了方便学习，我们将图书销售数据从外部的图书销售系统数据库中导入本地 Excel 中，得到如下图所示的传统 Excel 数据透视表。该数据透视表的分析目的是查看每个图书子类（数据透视表的行标题）中不同原始单价的图书（数据透视表的列标题）的销售总册数。

上图是比较常见的数据透视表布局，事实上，我们还可以进行更炫酷的数据透视表布局设置。例如，将鼠标光标放置于数据透视表中，选择"分析"→"筛选"→"插入切片器"命令，在数据透视表中插入切片器控件；对于日期类型的字段，选择"分析"→"筛选"→"插入日程表"命令，在数据透视表中插入日程表控件。经过以上操作，新的数据透视表布局如下图所示。

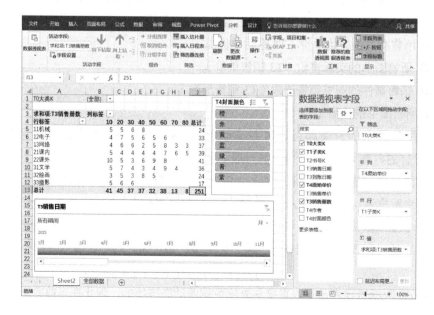

　　为了更深刻地理解数据透视表的工作原理，我们需要介绍两个概念，分别是数据透视表值区域和数据透视表筛选环境，这两个概念可以分别简称为透视表值区域和透视表筛选环境。

　　数据透视表值区域是指数据透视表的"数据汇总区"。要计算数据透视表值区域中每个单元格中的数值，首先确定每个单元格所对应的数据透视表筛选环境，然后以这个数据透视表筛选环境为筛选条件对数据源进行筛选，从而得到若干个数据源子集，最后根据数据透视表值区域中指定的计算方式（如求和、计算平均值、计数等）对这些数据源子集进行汇总计算。

　　数据透视表筛选环境是指在数据透视表中，所有对数据透视表的数据源起筛选作用的各种数据透视表周边设置，包括对数据透视表的行标题、列标题的设置，对筛选字段的设置，以及对数据透视表切片器控件和日程表控件的设置，等等。数据透视表筛选环境针对的是数据透视表值区域中的每个单元格，即数据透视表值区域中的每个单元格都对应着不同的数据透视表筛选环境，请参照下图。

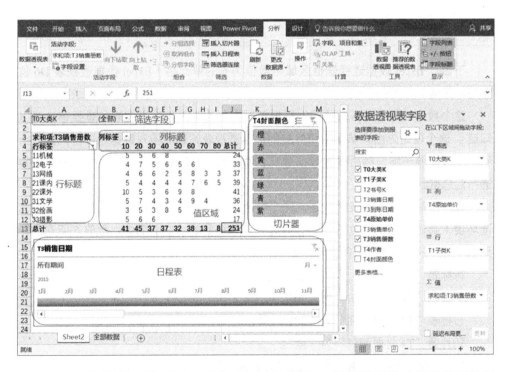

　　在上图中的数据透视表中，我们除了对行标题、列标题和筛选字段进行了常规设置，还通过日程表控件将"T3 销售日期"字段的日期限制为 2015 年，并且通过切片器控件将"T4 封面颜色"字段的图书封面颜色限制为"蓝"。新的数据透视表筛选环境下的数据透视表布局如下图所示。

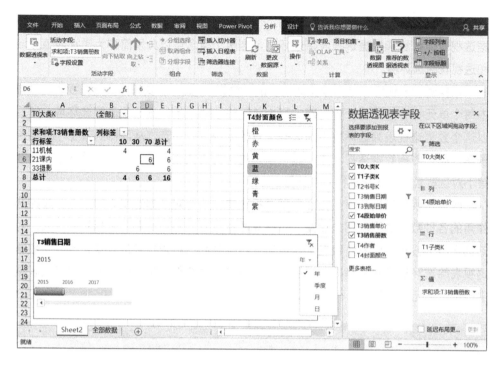

下面以 Excel 数据透视表值区域中数值为 6 的单元格（Excel 数据透视表 D6 位置的单元格）为例进行研究。

这个数值 6 是怎么得来的呢？根据前面提到的关于数据透视表的重要事实可以知道：这个值是先由该单元格所对应的数据透视表筛选环境对数据源进行筛选，得到一个数据源子集，然后根据数据透视表值区域定义的汇总方式对这个数据源子集进行汇总得到的。

换一个简洁点儿的表述就是，这个数值 6 是由其单元格所对应的数据透视表筛选环境（筛选条件）对数据源进行筛选后汇总得到的。在上图中，数值 6 所在的单元格所对应的数据透视表筛选环境如下：

行标题"T1 子类 K"为"21 课内"。

列标题"T4 原始单价"为"70"。

日程表"T3 销售日期"为"2015"年。

切片器"T4 封面颜色"为"蓝"。

筛选字段"T0 大类 K"为"全部"，即无筛选限制。

在本案例中，数据透视表对值区域中的"T3 销售册数"字段进行的汇总操作是"求和"，从而得到数值 6。这里，我们需要清楚的是，数据透视表对其值区域中的每个单元格都进行相同逻辑的操作，只是不同单元格因为位置不同，所以对应的数据透视表筛选环境也不相同。

数据透视表值区域中的每个单元格都对应着一个数据源子集，下面用数据透视表中的"显示明细数据"来验证这个观点。

在数据透视表的默认设置下，双击数据透视表值区域中任意一个单元格，会立即在 Excel 中生成一个新的工作表。该工作表中的内容是从数据源中提取出来的，对应所双击单元格的数据源子集的明细数据。也就是说，当双击数据透视表值区域中任意一个单元格时，"显示明细数据"功能会对数据源应用该单元格所对应的数据透视表筛选环境中定义的筛选条件，并且用生成一个新工作表的方式展示所双击单元格对应的数据源子集。

双击 D6 单元格，得到该单元格对应的数据源子集明细数据如下图所示。

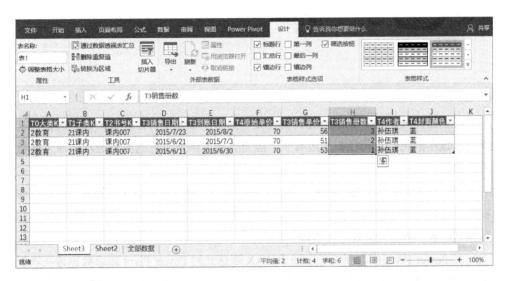

由上图可知，这个数据源子集完全符合 D6 单元格对应的数据透视表筛选环境。D6 单元格所对应的数据透视表筛选环境有如下几点。

- 行标题"T1 子类 K"为"21 课内"。
- 列标题"T4 原始单价"为"70"。
- 筛选字段"T0 大类 K"为全部，即无筛选限制。
- 日程表"T3 销售日期"为"2015 年"。
- 切片器"T4 封面颜色"为"蓝"。

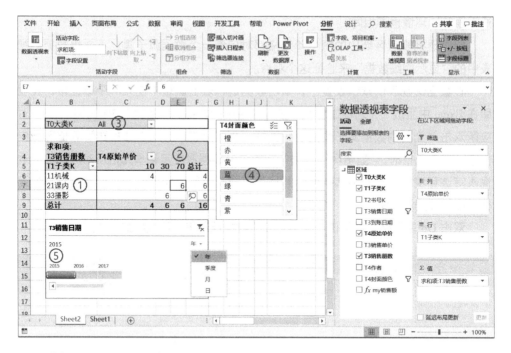

我们虽然只研究了数据透视表值区域中的一个单元格，但是要知道，数据透视表值区域中的每个单元格都对应着一个应用该单元格所对应的数据透视表筛选环境的数据源子集。

在传统 Excel 数据透视表中，我们几乎不能对数据透视表值区域所对应的数据透视表筛选环境进行任何修改，从而满足更加灵活的数据分析需求，这也是传统 Excel 数据透视表在数据分析能力上的最大短板。

在 Power Pivot 中，我们可以使用 DAX 表达式对 Power Pivot 超级数据透视表值区域中单元格所对应的数据透视表筛选环境进行修改，从而满足复杂的数据分析需求，这是 Power Pivot 之所以 Power（强大）的最主要原因。

2.2　Power Pivot，Excel 革命

通过对传统 Excel 数据透视表的介绍，我们了解到，传统 Excel 数据透视表在其值区域所能进行的数据汇总方式非常有限。对于逻辑较复杂的汇总计算，传统 Excel 数据透视表就无能为力了。

举个例子，我们想知道在任意汇总级别（图书大类、图书子类等）下，哪本书的销售总册数最多，对应的销售总册数是多少。这里提到的"哪本书"，要求列出对应的图书名称。

这个看起来非常简单的任务，在传统 Excel 数据透视表中，如果不借助传统 Excel 数据透视表以外的辅助计算工具，则几乎无法完成，但在 Power Pivot 中可以轻而易举地完成。

在如下图所示的 Power Pivot 超级数据透视表中，借助 DAX 表达式，我们得到了每个图书子类中，具体哪本书的销售总册数最多，同时列出了相应的图书名称。注意，图书销售总册数有可能有并列第一的情况发生，Powe Pivot 也考虑了这个问题。

由于 Power Pivot 本质上是数据透视表，因此它会随着数据透视表布局的改变自动更新计算结果。当我们修改 Power Pivot 超级数据透视表布局时，Power Pivot 超级数据透视表值区域中的 DAX 表达式也会重新计算，这是数据透视表的魅力所在。

下图展示了在调整 Power Pivot 超级数据透视表布局后，每个图书大类下（在透视表行标题中移除图书子类）销售总册数最多的图书的名称。

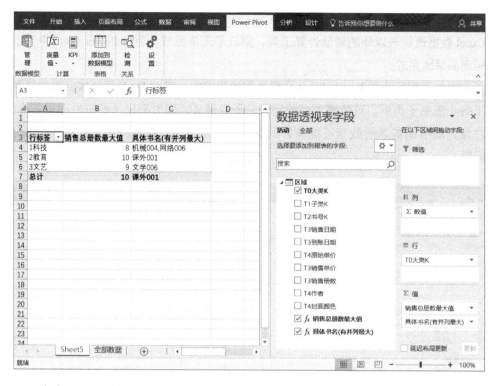

事实上，大家会在本书中了解到：无论是传统 Excel 数据透视表还是 Power Pivot 超级数据透视表，其值区域中的每个单元格都对应着数据透视表的一个数据源子集。在传统 Excel 数据透视表中，我们无法对其值区域中单元格对应的数据源子集进行"重新打造"，从而进行不同子集间的对比。但是 Power Pivot 由于引入了数据建模概念和 DAX 数据分析表达式体系，因此突破了传统 Excel 数据透视表的种种限制，变得非常强大。

到这里我们已经基本了解了传统 Excel 数据透视表的工作原理和 Power Pivot 超级数据透视表的初步概念，下面我们正式开启 Power Pivot 超级数据透视表的学习之旅。

在学习开始阶段，我们限定 Power Pivot 的数据源为一个表，暂不涉及数据建模。对单独一个表进行操作，是普通 Excel 用户在日常数据分析中的常见场景。在学习完 Power Pivot 的单表操作后，我们将在后续章节中继续讨论 Power Pivot 的数据建模概念，即数据源是多个表的情况。

2.3 Power Pivot 数据模型管理界面

2.3.1 从 Pivot Table 到 Power Pivot

在外观上，**Power Pivot** 超级数据透视表与传统 Excel 数据透视表（Pivot Table）几乎没什么区别，甚至连创建过程都基本类似，那为什么有些人做出来的就是普通的传统 Excel 数据透视表，有些人做出来的却是功能强大的 **Power Pivot** 超级数据透视表呢？秘诀就在于在"创建数据透视表"对话框中的一个关键设置：勾选"将此数据添加到数据模型"复选框。

创建数据透视表的过程如下：选择数据源，依次选择"数据"→"插入"→"数据透视表"命令，弹出"创建数据透视表"对话框，如下图所示。在这个对话框下方有一个"将此数据添加到数据模型"复选框，在默认情况下，这个复选框是不被勾选的。在不勾选"将此数据添加到数据模型"复选框的情况下，单击"创建数据透视表"对话框中的"确定"按钮，生成的是普通的、功能有限的传统 Excel 数据透视表；在勾选"将此数据添加到数据模型"复选框的情况下，单击"创建数据透视表"对话框中的"确定"按钮，生成的是 **Power Pivot** 超级数据透视表。

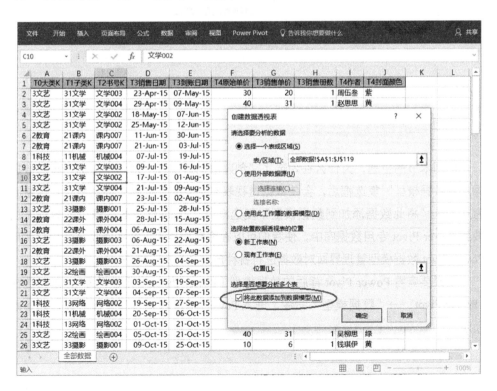

尽管在外观上，Power Pivot超级数据透视表和传统Excel数据透视表并没有明显的区别，但是，由于勾选了"将此数据添加到数据模型"复选框，因此Power Pivot超级数据透视表与传统Excel数据透视表的内在生成方式完全不同，二者的能力也有天壤之别。

在下图中，在Power Pivot超级数据透视表值区域中计算的是图书销售册数的"非重复计数"，而非销售总册数的和。在传统Excel数据透视表中是没有"非重复计数"功能的，而在Power Pivot超级数据透视表中，实现"非重复计数"功能只是牛刀小试。

回到本节的主题，为什么在勾选了"创建数据透视表"对话框中的"将此数据添加到数据模型"复选框后，会使数据透视表忽然具有如此神奇的功能呢？这是因为在勾选"将此数据添加到数据模型"复选框后，Excel会将数据源中的数据先加载到Power Pivot专用数据库中，使我们可以在将数据展示到数据透视表之前，利用Power Pivot数据模型管理界面对数据进行各种自定义的灵活操作。

如果要查看Power Pivot背后的数据模型（Power Pivot专用数据库），那么选择"Power Pivot"→"数据模型"命令，进入Power Pivot数据模型管理界面，如下图所示。

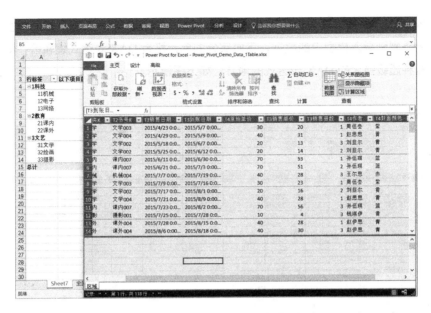

　　注意：如果 Excel 界面上没有 Power Pivot 菜单项，则需要在 Excel 中进行如下设置：选择"文件"→"选项"命令，在弹出的"Excel 选项"对话框中选择"加载项"选项，在"管理"下拉列表中选择"COM 加载项"选项，如下图所示。然后单击旁边的"转到"按钮，在弹出的"COM 加载项"对话框中勾选"Microsoft Power Pivot for Excel"复选框，最后单击"确定"按钮。

Power Pivot 数据模型管理界面分成上、中、下三部分，上面部分是菜单区，中间部分是刚刚导入模型中的数据，下面部分的单元格是 DAX 表达式编辑区，即我们写入各种超级强大的 DAX 表达式的地方，如下图所示。

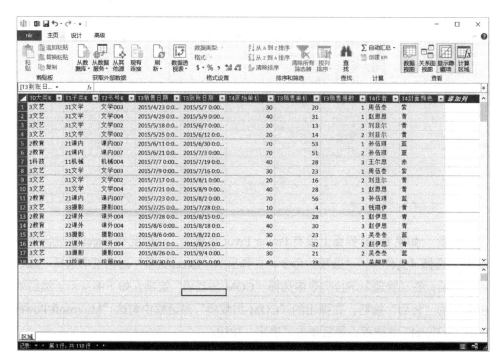

在 Power Pivot 数据模型管理界面左下角，可以看到刚刚导入数据的表被 Power Pivot 数据模型管理界面自动命名为"区域"，而不是 Excel 工作表的默认名称，如果不喜欢这个名称，那么我们可以对它重命名，但此处我们使用这个默认名称。

在 Power Pivot 数据模型管理界面，我们可以对来自数据源的数据进行初步观察和研究。

在数据模型管理界面的数据表中，我们可以对数据进行筛选和增加新列等操作，增加的新列在 Power Pivot 的术语中称为计算列。

在 DAX 表达式编辑区中，我们可以编写各种实现复杂数据分析运算的 DAX 表达式。Power Pivot 数据模型管理界面相当于 Power Pivot 数据模型的控制面板，是我们调取 Power Pivot 强大功能的地方。

需要注意的是，在 Power Pivot 数据模型管理界面中的筛选操作结果并不会传递到由此生成的 Power Pivot 超级数据透视表中。Power Pivot 数据模型管理界面中的筛选操作只是用于观察后台数据和初步调试 DAX 表达式的，与由此生成的 Power Pivot 超级数据透视表没有任何联系。

2.3.2　Power Pivot 中的自定义运算方法

我们先从一个最简单的 DAX 表达式开始：利用 Power Pivot 和 DAX 表达式实现传统 Excel 数据透视表中已有的一个功能，即利用 DAX 中的 SUM() 函数对图书销售册数进行汇总。

首先创建一个 Power Pivot 超级数据透视表，注意在"创建数据透视表"对话框中勾选"将此数据添加到数据模型"复选框；然后选择"Power Pivot"→"数据模型"命令，进入 Power Pivot 数据模型管理界面，我们看到，数据已经加载到 Power Pivot 数据模型管理界面中了。注意，如果在创建数据透视表时没有勾选"将此数据添加到数据模型"复选框，那么在 Power Pivot 数据模型管理界面中是看不到任何数据的。

Power Pivot 数据模型管理界面中的数据和数据源是动态链接的，也就是说，如果数据源中的数据发生变化，那么在单击 Power Pivot 数据模型管理界面菜单栏中的"刷新"按钮后，Power Pivot 数据模型管理界面中的数据也会跟着发生变化。

接下来在 DAX 表达式编辑区中任意一个单元格中输入如下 DAX 表达式：

```
=SUM('区域'[T3销售册数])
```

上述操作如下图所示。

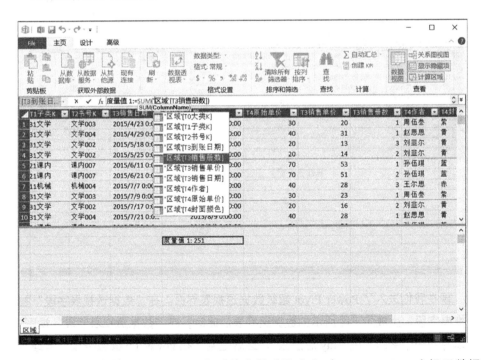

观察发现，在输入"=SUM("之后的左单引号（'）时，Power Pivot 会提示数据模型中可用的字段名称，这大大提高了输入 DAX 表达式的速度，大家要充分利用这

个特性。

在输入 DAX 表达式后，Power Pivot 会自动给 DAX 表达式起一个默认名称"度量值1"。这里需要大家记住：在 Power Pivot 中，将写在 Power Pivot 数据模型管理界面下方单元格中、起汇总计算作用的 DAX 表达式称为度量值表达式或度量值。度量值表达式存储于 Power Pivot 超级数据透视表值区域中。我们可以自行定义度量值表达式的名称（DAX 表达式冒号前面的部分），为了容易理解，我们将"度量值1"改成"my 总册数"。

凭借对 Excel 工作表函数的使用经验，我们推测 DAX 表达式"my 总册数"的作用是对数据源中的"T3 销售册数"字段进行累加操作，相当于在数据透视表中增加了一个新的"值"字段（可以拖曳至 Power Pivot 超级数据透视表值区域中的字段）。下面，我们来看看将这个 DAX 表达式添加到 Power Pivot 超级数据透视表值区域中的效果。单击 Power Pivot 数据模型管理界面菜单栏中的"数据透视表"按钮，在弹出的下拉列表中选择"数据透视表"命令，如下图所示。

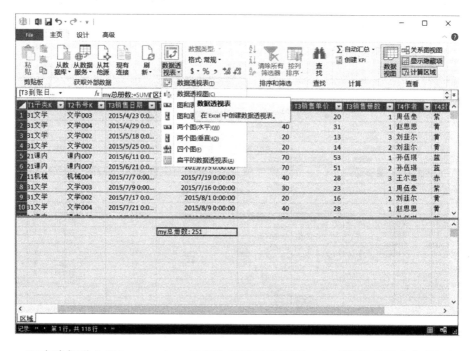

现在我们进入了 Power Pivot 超级数据透视表界面。在"数据透视表字段"视图中拖曳字段，生成如下图所示的数据透视表。此时，在"数据透视表字段"视图中，可以看到一个新的字段"my 总册数"，这就是刚才在 Power Pivot 数据模型管理界面中设计的 DAX 表达式。该 DAX 表达式字段现在已经被拖曳至 Power Pivot 超级数据透视表值区域中了。

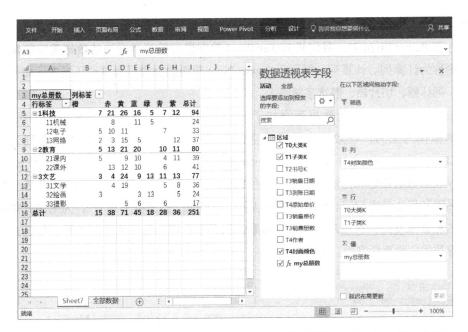

我们发现，数据透视表值区域中的数值和直接将数据源中的"T3 销售册数"字段拖曳至数据透视表值区域中的默认求和结果一致。

注意，虽然这只是一个最简单的度量值表达式，但是它留给我们的想象空间却是巨大的。在传统 Excel 数据透视表中，值区域中的汇总方式只能在已有的几种方式中选择，而在 Power Pivot 超级数据透视表中，我们可以用 DAX 函数自定义设计数据汇总方式。

2.3.3　Power Pivot 中的度量值表达式与计算列公式

前面已经介绍过，Power Pivot 数据模型管理界面下面部分的单元格是 DAX 表达式编辑区，我们将写在这里的 DAX 表达式称为度量值表达式。可以将度量值表达式简单地理解为"一种自定义的数据透视表值区域汇总方式"。

当 Power Pivot 的数据源为单个表时，度量值表达式可以写在 DAX 表达式编辑区中的任意单元格中，度量值表达式与其所在单元格的位置无关，只需度量值表达式引用了数据源中正确的字段。

在传统 Excel 数据透视表中，如果数据源中的某个字段是数字类型，那么当我们将这个字段拖曳至数据透视表值区域中时，默认的汇总方式是求和。在 Power Pivot 超级数据透视表中，我们可以设计 DAX 表达式模拟传统数据透视表的这个行为。

在 Power Pivot 数据模型管理界面中，除了可以在 DAX 表达式编辑区中输入度量值表达式，还可以在 Power Pivot 数据模型管理界面中的数据表最右侧添加新的计算列。

在 Power Pivot 中，我们将 Power Pivot 数据模型管理界面中的数据表中新增加的列称为计算列。计算列一般用于 Power Pivot 超级数据透视表筛选环境中（如行标题、列标题、切片器、筛选字段等）。

在下图中，我们为数据表添加了一个新的计算列，用于生成图书大类代码。具体操作方法为，在数据表最后的空白列中任选一个单元格，输入计算列公式"=LEFT(' 区域 '[T0 大类 K],1)"，按 Enter 键即可得到结果。这个 DAX 函数和 Excel 工作表函数的名称和用法基本相同。在 DAX 中，很多简单函数与 Excel 工作表函数的名称和用法基本相同。计算列的默认名称一般是"计算列＋序号"，为了使计算列的名称更加友好，可以双击列名，将默认列名重命名为自己喜欢的名称，如这里将计算列的名称重命名为"大类代码"。

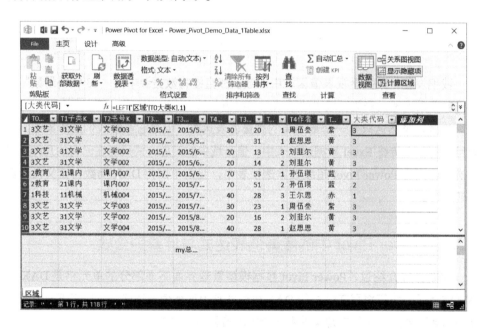

2.3.4 最重要的函数——CALCULATE() 函数

前面介绍了在 Power Pivot 超级数据透视表值区域中自定义汇总方式的基本方法，即设计 DAX 表达式。接下来，我们用 DAX 表达式实现更加灵活的 Power Pivot 超级数据透视表值区域汇总方式。利用这种方式，我们可以在 Power Pivot 超级数据透视表值区域中实现大部分复杂的汇总分析。下面我们隆重介绍一个非常重要的 DAX 函数——CALCULATE() 函数。

我们知道，数据透视表值区域中每个单元格中的内容虽然看起来只是一个简单的数值，但每个数值背后，都对应着一个由该单元格所处的数据透视表筛选环境下的数据源子集，该数值便是在该数据源子集的基础上汇总计算而来的。换句话说，数据透视表值区域中每个单元格中的数值，都是由它对应的数据源子集经过某种特定的汇总计算的结果。

由此我们推想：如果有一种方法能根据实际需求修改数据透视表值区域中的单元格所对应的数据透视表筛选环境，从而得到数据源的任意子集的汇总值，那么我们还有什么做不到的事情？DAX 就是用于做这个的。而在 DAX 中，最重要的函数就是 CALCULATE() 函数。

CALCULATE() 函数是一个汇总计算函数，该函数的特别之处在于，CALCULATE() 函数在执行汇总计算之前，不仅能够识别其当前所处的数据透视表筛选环境，还能对其所处的数据透视表筛选环境进行修改。

事实上，CALCULATE() 函数的汇总计算是在新的"叠加的数据透视表筛选环境"下进行的。该函数通常使用两个参数，第一个参数为"自定义的汇总计算"，第二个参数为"对当前筛选环境的修改"，其语法格式如下：

```
=CALCULATE (
    自定义的汇总计算，
    对当前筛选环境的修改
)
```

CALCULATE() 函数的语法看起来并不复杂，但是，这里需要强调一点，那就是 CALCUCATE() 函数的内部运算逻辑：先对当前数据透视表筛选环境进行修改，再执行自定义的汇总计算。之所以强调 CALCULATE() 函数的内部运算逻辑，是因为它的内部运算逻辑与参数的出场顺序是相反的，这与我们熟知的 Excel 工作表函数的工作方式完全不同，大家一定要留意。在 CALCULATE() 函数进行汇总计算时，先从第二个参数开始。在 CALCULATE() 函数中，第二个参数称为筛选器参数，作用是修改 CALCULATE() 函数所处的当前数据透视表筛选环境；第一个参数称为汇总参数，作用是进行汇总计算。

CALCULATE() 函数中的筛选器参数可以省略。在只有汇总参数的情况下，CALCULATE() 函数默认接受当前数据透视表筛选环境，也就是说，如果将 CALCULATE() 函数用于数据透视表值区域中，那么 CALCULATE() 函数会在其当前所处的数据透视表筛选环境下进行汇总计算。

我们从最简单的情况开始，研究只有汇总参数的 CALCULATE() 函数的应用。例如，在前面介绍的 DAX 表达式"my 总册数"外面包裹一个 CALCULATE() 函数，并且将新的 DAX 表达式命名为"总册数 CALCU"，如下图所示。

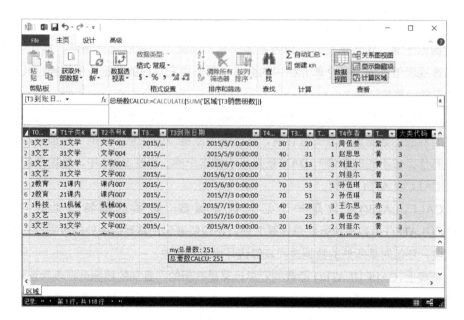

返回 Power Pivot 超级数据透视表界面，将新设计的 DAX 表达式拖曳至数据透视表值区域中，计算结果如下图所示。我们看到，以下两个 DAX 表达式的计算结果并没有什么不同。

总册数 CALCU:=CALCULATE(SUM(' 区域 '[T3 销售册数]))

my 总册数 :=SUM(' 区域 '[T3 销售册数])

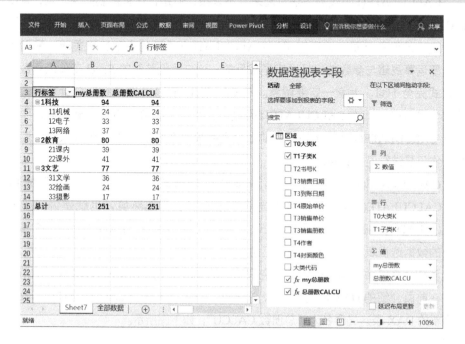

上述 DAX 表达式的计算结果之所以完全相同，是因为在 Power Pivot 中有如下特性：

当一个 DAX 表达式被拖曳至数据透视表值区域中时，会隐含地在该 DAX 表达式外面包裹一个 CALCULATE() 函数。

因此 DAX 表达式：

```
my 总册数 :=SUM(' 区域 '[T3 销售册数 ])
```

在被拖曳至数据透视表值区域中时，会隐含地在该 DAX 表达式外面包裹一个 CALCULATE() 函数，变成：

```
my 总册数 :=CALCULATE(SUM(' 区域 '[T3 销售册数 ]))
```

按照这个规律，我们设计的新的 DAX 表达式：

```
总册数 CALCU:=CALCULATE(SUM(' 区域 '[T3 销售册数 ]))
```

在被拖曳至数据透视表值区域中时，也会隐含地包裹一个 CALCULATE() 函数，变成：

```
总册数 CALCU:=CALCULATE(CALCULATE(SUM(' 区域 '[T3 销售册数 ])))
```

其效果相当于只包裹了一个 CALCULATE() 函数。因此，这两个 DAX 表达式得到了相同的计算结果。

事实上，CALCULATE() 函数在应用中很少只使用一个参数，因为这并不能施展它的计算能力，因为如果 CALCULATE() 函数只使用汇总参数，那么与直接将汇总参数拖曳至 Power Pivot 超级数据透视表值区域中的计算结果相同。本书接下来会频繁地使用带有两个参数的 CALCULATE() 函数，因为 CALCULATE() 函数的筛选器参数能够修改 CALCULATE() 函数所处的数据透视表筛选环境，从而使 CALCULATE() 函数能够在新的数据透视表筛选环境中实现各种灵活的汇总计算。

2.4　Power Pivot 与 DAX 函数

在数据透视表值区域中的每个单元格中的内容都是其对应的数据透视表筛选环境（行标题、列标题、筛选字段、切片器、日程表等）到数据源中筛选后汇总得到的结果。

在很多场景中，我们需要修改数据透视表筛选环境，从而满足更加复杂的数据分析需求。这时就需要各种用途的 DAX 函数上场了。

很多 DAX 函数与 Excel 工作表函数大不相同。在一般情况下，Excel 工作表函数的计算结果是一个数值；很多 DAX 函数的计算结果不是一个简单的数值，可能是一个表，也可能是改变 Power Pivot 数据模型的一些筛选设置。

2.4.1　筛选限制移除函数——ALL() 函数

在数据分析实战中，经常需要计算各种占比，如在数据透视表值区域中计算每个图书子类销售册数占图书大类销售册数的百分比，此时就要用到筛选限制移除函数——ALL() 函数了。

ALL() 函数的功能：在数据透视表筛选环境中移除指定字段或整个表上的筛选限制。

ALL() 函数的参数可以是一个表（此时只能有一个参数），也可以是一个表中的一列或几列。当 ALL() 函数的参数是一个表中的一列或几列时，要求所有列必须来自同一个表。

ALL() 函数一般会与其他 DAX 函数一起使用，如与 CALCULATE() 函数一起使用，用于修改这些函数所处的数据透视表筛选环境。

需要注意的是，当 ALL() 函数的参数是特定表上的指定列时，它能够移除该表指定列上的筛选限制，并且这种筛选移除效果会影响整个表，就像我们在 Excel 工作表中移除位于某列上的筛选限制一样。

1. ALL() 函数的参数是表中的一列

ALL() 函数通常用于计算子类与其所属大类的比值。针对本书中的案例，我们有如下数据分析需求：计算每个图书子类的销售总册数与其所属图书大类的销售总册数的比值。

首先，在 Power Pivot 数据模型管理界面中的 "T3 销售" 表下方的 DAX 表达式编辑区中的单元格中添加如下 DAX 表达式：

```
mySUM 移除子类限制 :=CALCULATE(
    SUM('区域'[T3 销售册数]),
    ALL('区域'[T1 子类 K])
)
```

上述操作如下图所示。

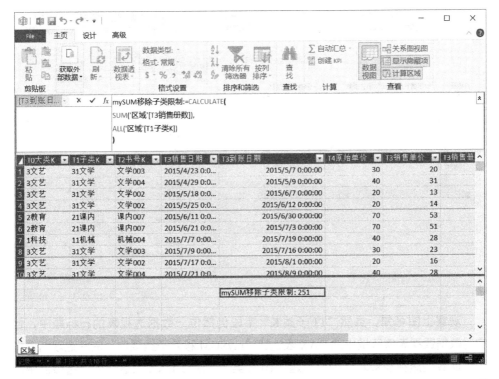

上述 DAX 表达式与我们之前所见的 DAX 表达式的区别是 CALCULATE() 函数中增加了第二个参数（ALL(' 区域 '[T1 子类 K])），该参数是一个嵌入 CALCULATE() 函数内部的 DAX 表达式，类似于 Excel 工作表函数中的函数嵌套。

这里，作为 CALCULATE() 函数的第二个参数（筛选器参数），ALL(' 区域 '[T1 子类 K]) 的功能是在 CALCULATE() 函数所处的数据透视表筛选环境中移除筛选条件 [T1 子类 K]，换句话说就是从数据透视表值区域对应的所有数据透视表筛选环境中移除"T1 子类 K"字段的特定筛选限制，即对数据透视表筛选环境做减法，放松了筛选限制。

将 DAX 表达式"mySUM 移除子类限制"拖曳至数据透视表值区域中，计算结果如下图所示。

观察上图可知，虽然"T1子类K"字段仍然位于数据透视表的行标题中，但它对数据透视表值区域中的DAX表达式"mySUM移除子类限制"的筛选限制消失了，而数据透视表最左侧的行标题"T0大类K"对该DAX表达式的筛选限制依然存在，这是因为ALL()函数移除的只是"T1子类K"字段对该DAX表达式的筛选限制，并没有移除"T0大类K"字段对该DAX表达式的筛选限制。

观察数据透视表值区域中的C5单元格，该单元格中的内容对应的数据透视表筛选环境为"1科技"图书大类、"11机械"图书子类。在没有移除任何数据透视表筛选环境限制时，"1科技"图书大类下的"11机械"图书子类的销售总册数为24（B5单元格对应的数值）；在用ALL()函数在DAX表达式"mySUM移除子类限制"中移除了"T1子类K"字段的筛选限制后，这个数值反映的是它的上一级（"1科技"图书大类）的销售总册数为94。

在掌握了ALL()函数的基本功能后，就可以利用DAX函数计算每个图书子类的销售总册数与其所属图书大类的销售总册数的比值了。

由于我们已经设计好了移除图书子类限制的DAX表达式，因此以这个DAX表达式为分母，以没有移除数据透视表筛选环境中任何筛选限制的图书销售总册数的DAX表达式为分子，即可得到每个图书子类销售总册数与其所属图书大类的销售总册数的比值。

没有移除数据透视表筛选环境中任何筛选限制的图书销售总册数的DAX表达式如下：

my销售册数:=SUM('区域'[T3销售册数])

计算图书子类的销售总册数与其所属图书大类的销售总册数的比值的 **DAX** 表达式如下：

my子类大类占比:=
SUM('区域'[T3销售册数])/
CALCULATE(SUM([T3销售册数]),ALL('区域'[T1子类K]))

这三个 **DAX** 表达式在 Power Pivot 数据模型管理界面中的呈现形式如下图所示。

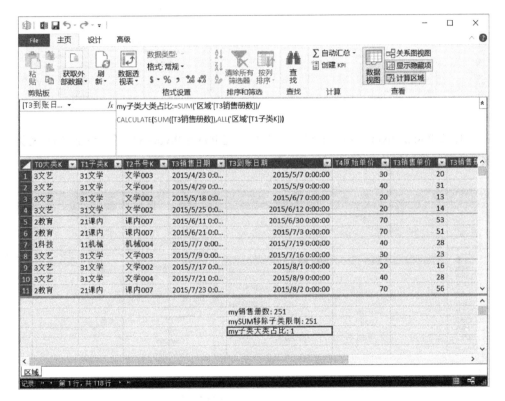

在 Power Pivot 数据模型管理界面，单击"数据透视表"按钮，在弹出的下拉列表中选择"数据透视表"命令，切换到 Power Pivot 超级数据透视表界面，然后按下图设置 Power Pivot 超级数据透视表布局，即可在 Power Pivot 超级数据透视表中得到图书子类的销售总册数与其所属图书大类的销售总册数的比值。

修改 Power Pivot 超级数据透视表布局，在 Power Pivot 行标题中移除"T0 大类 K"字段，得到新的 Power Pivot 超级数据透视表如下图所示。

现在，在数据透视表筛选环境中移除了图书大类的筛选限制，只剩下图书子类的筛选限制，同时 DAX 表达式"mySUM 移除子类限制"用 ALL(' 区域 '[T1 子类

K]) 移除了图书子类的筛选限制，相当于在没有任何筛选限制的情况下计算图书销售总册数，因此，我们看到，在 "mySUM 移除子类限制" 字段的每个单元格中显示的都是图书销售总册数 251。

现在，再次改变 Power Pivot 超级数据透视表布局，将 "T2 书号 K" 字段拖曳至 Power Pivot 行标题中，再次观察 "mySUM 移除子类限制" 字段的所有单元格，这次，尽管行标题 "T1 子类 K" 对该字段的筛选限制已经被 ALL() 函数移除了，但是，由于在数据透视表筛选环境中增加了行标题 "T2 书号 K" 对该字段的筛选限制，因此，得到如下图所示的 Power Pivot 数据透视分析结果。

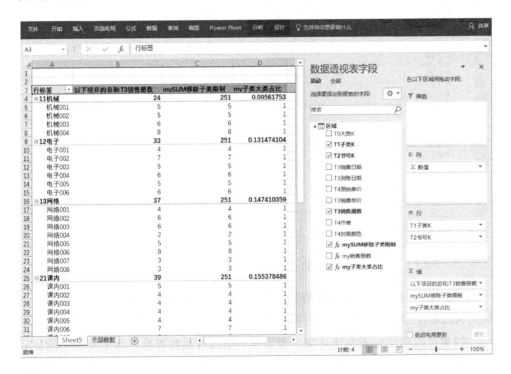

2. ALL() 函数的参数是一个表

除了用表中的一列作为 ALL() 函数的参数，还可以用表作为 ALL() 函数的参数。如果 ALL() 函数的参数是一个表，那么它会在数据透视表筛选环境中移除指定表中所有列的筛选限制，如下面的 DAX 表达式：

```
my 移除所有 :=CALCULATE(SUM([T3 销售册数 ]),ALL(' 区域 '))
```

上述 DAX 表达式可以在数据透视表筛选环境中移除 "区域" 表中所有列的筛选限制。在本案例中，Power Pivot 数据模型中只有一个表，即 DAX 表达式 "my 移除所有" 移除了数据透视表筛选环境中的所有筛选限制，因此，无论 Power Pivot 的行标题和列标题的布局如何变化，在数据透视表值区域的"my 移除所有"字段中，得到的都是整个表中所有图书的销售总册数 251。

2.4.2 ALL() 函数与 ALLEXCEPT() 函数

在 DAX 中有一个与 ALL() 函数对应的函数，即 ALLEXCEPT() 函数。我们可以认为 ALLEXCEPT() 函数是为了在特定应用场景中简化 ALL() 函数而设计的。

如果在数据透视表筛选环境中需要使用 ALL() 函数移除筛选限制的字段比较多，使用类似 ALL([字段 1],[字段 2],[字段 3]...) 的语法比较麻烦，那么可以使用 ALLEXCEPT() 函数实现。ALLEXCEPT() 函数的语法格式如下：

```
=ALLEXCEPT ( 指定表 , 指定表中的字段 )
```

ALLEXCEPT() 函数的功能：在数据透视表筛选环境中，在 ALLEXCEPT() 函数第一个参数指定的表中，第二个参数指定的字段的筛选限制不会被移除，在同一个表中没有在 ALLEXCEPT() 函数中列出的字段的筛选限制会被移除。

观察下面的 DAX 表达式：

```
my 只保留子类限制 :=CALCULATE (
    SUM([T3 销售册数 ]),
```

```
ALLEXCEPT('区域','区域'[T1子类K])
)
```

上述 DAX 表达式的作用：在数据透视表筛选环境中，只保留"区域"表中"T1子类 K"字段的筛选限制，移除该表中其他字段在数据透视表筛选环境中的筛选限制。

如果将该 DAX 表达式拖曳至 Power Pivot 超级数据透视表值区域中，那么 DAX 表达式"my 只保留子类限制"的计算结果是所有图书销售总册数 251，如下图所示。

在英语单词中，**ALL** 的本意是"包含所有"，但是在 **DAX** 中，结合数据透视表筛选环境，以及 ALL() 函数和 ALLEXCEPT() 函数的功能，将 ALL 理解为"移除筛选限制"更合理。

2.4.3　CONCATENATEX() 函数与 VALUES() 函数

下面介绍一个非常有用的函数，即 CONCATENATEX() 函数。CONCATENATEX() 函数的功能是用指定的分隔符连接指定表中特定列中的内容，计算结果是一个长字符串。

在传统 Excel 数据透视表的值区域中只能显示数值，而不能显示文本。在 Power

Pivot 中，借助 CONCATENATEX() 函数，这个问题可以得到完美解决。

在英文中，**CONCATENATE** 的含义是连接，在这个单词后面加一个 **X**，表示 CONCATENATEX() 函数是一个对表进行逐行处理的函数。CONCATENATEX() 函数最简单的语法格式如下：

```
=CONCATENATEX ( 指定的表 , 指定的字段 , 指定的分隔符 )
```

下面结合实例讲解该函数的用法。如果要知道在某个图书大类或图书子类下销售了哪些图书，那么可以使用如下 DAX 表达式：

```
my所售图书 :=CONCATENATEX ( ' 区域 ' , ' 区域 ' [T2 书号 K ] , "," )
```

将上述 DAX 表达式拖曳至 Power Pivot 超级数据透视表值区域中，得到的计算结果如下图所示。虽然这个数据透视表看起来很拥挤，但是它正确地得到了每个图书大类下的每个图书子类所销售的图书的名称列表。

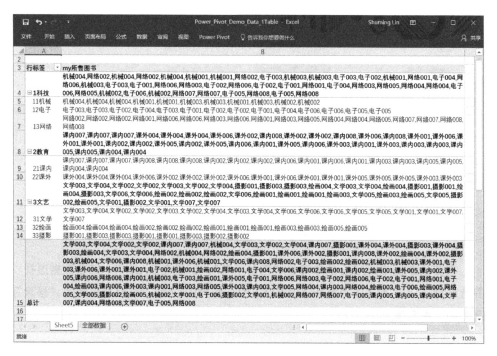

通过观察发现，虽然上面的 Power Pivot 初步满足了我们的需求，但是缺点也相当明显：图书名称重复且排序杂乱。如果希望重复销售的图书名称只出现一次，并且图书名称能够按照特定的顺序排列，那么单靠 CONCATENATEX() 函数是不够用的。下面介绍一个新的 DAX 函数，即 VALUES() 函数。

VALUES() 函数的功能是压缩重复，参数一般为表中的一列，其计算结果是一个基于该列、没有重复值、只有一列的表。使用 VALUES() 函数优化后的 DAX 表达式如下：

```
my所售图书（去重）:=CONCATENATEX(
    VALUES('区域'[T2书号K]),
    '区域'[T2书号K],
    ","
)
```

在 Power Pivot 数据模型管理界面中输入上述 DAX 表达式，在返回 Power Pivot
超级数据透视表界面后，将该 DAX 表达式拖曳至 Power Pivot 超级数据透视表值区
域中，得到的计算结果如下图所示。

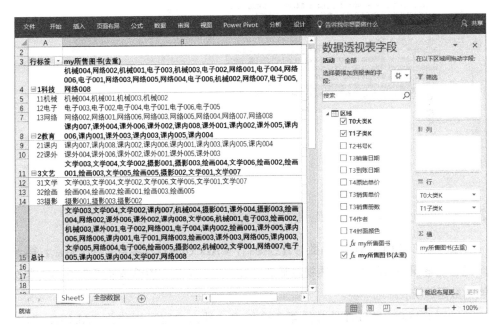

可以看到，重复值确实去掉了，但结果尚未按照图书名称排序，还需要继续
优化。其实，排序是 CONCATENATEX() 函数自带的一个功能。在本案例中，在
CONCATENATEX() 函数中指定排序的字段和排序的顺序，即可实现优化。优化后的
DAX 表达式如下：

```
my所售图书（去重+排序）:=CONCATENATEX(
    VALUES('区域'[T2书号K]),
    '区域'[T2书号K],
    ",",
    '区域'[T2书号K],
    ASC
)
```

这里的最后两个参数，' 区域 '[T2 书号 K] 表示按照该列进行排序，ASC 表示按照升序排序。最终的计算结果如下图所示。

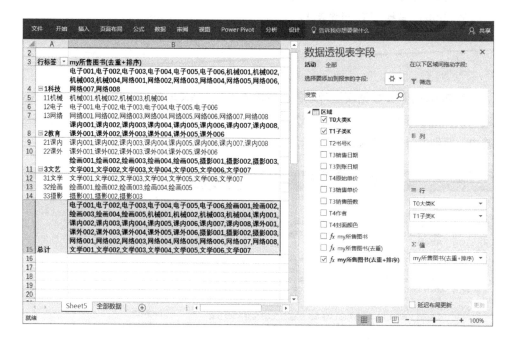

2.4.4　筛选函数——FILTER() 函数

在介绍 CALCULATE() 函数时曾经提到，CALCULATE() 函数有两个特点，第一个是它能够识别当前的数据透视表筛选环境，第二个是它能够借助筛选器参数修改当前数据透视表筛选环境。

针对 CALCULATE() 函数的第二个特点，什么内容可以作为 CALCULATE() 函数的筛选器参数呢？答案是既可以是 DAX 函数，又可以是 DAX 表达式。这里我们介绍一种最常见的情况：用 FILTER() 函数作为 CALCULATE() 函数的筛选器参数。

FILTER() 函数能够对指定的表进行筛选，这个指定的表既可以是 Power Pivot 数据模型中实际存在的实体表，也可以是由其他 DAX 表达式计算生成的表。FILTER() 函数的计算结果是一个经过 FILTER() 函数筛选后的新表。FILTER() 函数的语法格式如下：

```
=FILTER(
    表或计算结果为表的 DAX 表达式，
```

```
    筛选条件
)
```

这里的"表或计算结果为表的 DAX 表达式"是指要筛选的表或计算结果是表的 DAX 表达式，而"筛选条件"是指要对 FILTER() 函数指定表中的每行进行测试的判断条件。

FILTER() 函数是一个逐行处理函数。逐行处理函数的特点如下：能够对其第一个参数所指定的表进行逐行判断或计算，按行生成中间结果，并且依据这些中间结果再次进行汇总计算，从而得到函数的最终计算结果。

对于 FILTER() 函数，其内部运算逻辑如下：

FILTER() 函数对第一个参数所指定的表中的每行，都会用第二个参数所设置的筛选条件进行测试，将满足测试条件的行留下来，将不满足测试条件的行舍弃。这样，FILTER() 函数一行一行地测试下来，会得到一个新的数据表，这个数据表中的每行都满足第二个参数所设置的测试条件。

使用如下 DAX 表达式统计在数据源中不同的图书分类下，"T4 封面颜色"字段值为"蓝"的记录各有多少条（蓝色封面的记录在数据源中出现的次数）。

```
蓝色行数 :=COUNTROWS(
FILTER(
    '区域',
    '区域'[T4 封面颜色]="蓝"
    )
)
```

在 Power Pivot 超级数据透视表中，汇总计算的最终结果要以数值的形式在 Power Pivot 超级数据透视表值区域中呈现。我们知道，Power Pivot 超级数据透视表值区域中的单元格中只能显示数字和文本，不能显示表。而 FILTER() 函数的计算结果是一个表，因此为了能在 Power Pivot 超级数据透视表值区域中看到 FILTER() 函数的计算结果，只能借助其他 DAX 函数，将表内容汇总成一个数值，从而验证 FILTER() 函数的计算结果是否正确。在本案例中，我们使用 COUNTROWS() 函数来计算 FILTER() 函数的计算结果的行数，从而验证 FILTER() 函数的计算结果是否正确。

在 Power Pivot 数据模型管理界面的 DAX 表达式编辑区中的单元格中输入上述 DAX 表达式，如下图所示。

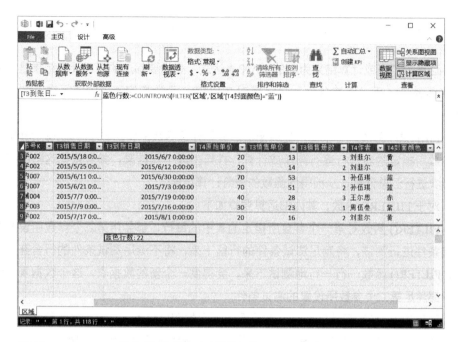

返回 Power Pivot 超级数据透视表界面，将 DAX 表达式"蓝色行数"拖曳至数据透视表值区域中，即可看到在数据源中每种图书类别下蓝色封面的记录条数，如下图所示。注意，这里计算的是在数据源中满足'区域'[T4封面颜色]="蓝"的记录条数，不是图书销售册数。

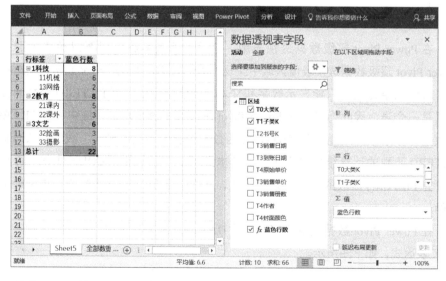

此外，可以按照下图更改 Power Pivot 超级数据透视表布局。无论是上图还是下图，该 DAX 表达式都正确地计算出了满足数据透视表筛选环境的结果。如果对这个结果还有怀疑,那么可以到数据源中进行验证。

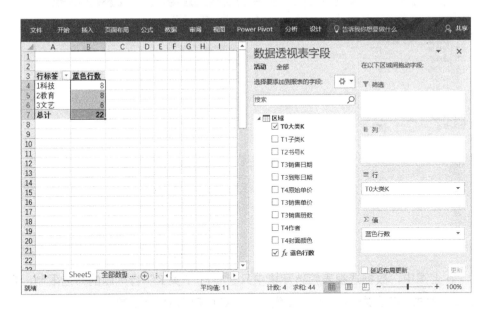

2.4.5 CALCULATE() 函数与 FILTER() 函数

上节提到,FILTER() 函数是一个能够对第一个参数所指定的表进行逐行处理的函数。在 DAX 函数中,能够对表进行逐行处理的函数有多个,在后面的章节中将引入更多逐行处理函数。在初步了解 CALCULATE() 函数、FILTER() 函数和 ALL() 函数之后,本书开始研究稍微复杂的案例:在当前数据透视表筛选环境下,计算当前图书子类的销售册数与"12 电子"图书子类的销售册数的比值。

为了完成本案例的任务,首先需要计算在当前数据透视表筛选环境下"12 电子"图书子类的销售册数。完成这个子任务的 DAX 表达式如下:

```
电子类册数 :=CALCULATE(
    SUM([T3 销售册数]),
    FILTER(
        ALL('区域'[T1 子类 K]),
        '区域'[T1 子类 K]="12 电子"
    )
)
```

将上述 DAX 表达式拖曳至 Power Pivot 超级数据透视表值区域中,该 DAX 表达式的计算结果如下图所示。

在上图中，数据透视表筛选环境中只有"T1 子类 K"行标题的筛选限制，在 DAX 表达式"电子类册数"中，我们用到了 CALCULATE() 函数。

我们反复强调，CALCULATE() 函数具有（借助其筛选器参数）修改其当前数据透视表筛选环境的能力。在本案例中，筛选器参数使用的是 FILTER() 函数与 ALL() 函数嵌套的 DAX 表达式：

```
FILTER(ALL('区域'[T1子类K]),'区域'[T1子类K]="12电子")
```

在介绍 FILTER() 函数时，我们了解到，该函数的第一个参数必须是一个表或计算结果为表的 DAX 表达式。在上述 DAX 表达式中，FILTER() 函数的第一个参数是一个能够生成表的 DAX 表达式：ALL('区域'[T1 子类 K])。

ALL('区域'[T1 子类 K]) 的计算结果是一个只有一列的表，这里 ALL() 函数的作用是移除数据透视表筛选环境中"T1 子类 K"字段对数据源的筛选限制，因此，在数据透视表筛选环境中，在没有其他筛选限制的情况下，ALL('区域'[T1 子类 K]) 得到的应该是一个包含所有图书子类的数据源子集。

接下来，使用 FILTER() 函数对 ALL('区域'[T1 子类 K]) 的计算结果进行进一步加工：

```
FILTER(ALL('区域'[T1子类K]),'区域'[T1子类K]="12电子")
```

在上述 DAX 表达式中，使用 FILTER() 函数对 ALL() 函数计算得到的表进行逐行测试，只留下满足'区域'[T1 子类 K]="12 电子"的记录。

最后，借助 CALCULATE() 函数，在数据透视表筛选环境和筛选器参数（用于修改数据透视表筛选环境）的综合作用下，对"T3 销售册数"字段进行求和，即可得到在当前数据透视表布局下，每个图书子类对应的值都是"12 电子"图书子类的销售册数。

以 DAX 表达式"电子类册数"为分母，以当前图书子类的销售册数为分子，最终的 DAX 表达式如下：

```
当前 VS 电子类 :=
SUM('区域'[T3 销售册数])
/
CALCULATE(
    SUM([T3 销售册数]),
    FILTER(ALL('区域'[T1 子类 K]),'区域'[T1 子类 K]="12 电子")
)
```

上述 DAX 表达式的计算结果如下图所示。

在上述 DAX 表达式中，FILTER() 函数与 ALL() 函数嵌套组成的 DAX 表达式如下：

```
FILTER(ALL('区域'[T1 子类 K]),'区域'[T1 子类 K]="12 电子")
```

可以简写成如下格式：

```
'区域'[T1 子类 K]="12 电子"。
```

因此，DAX 表达式：

```
当前 VS 电子类 :=
SUM('区域'[T3 销售册数])
/
CALCULATE(
```

```
    SUM([T3 销售册数]),
    FILTER(ALL(' 区域 '[T1 子类 K]),' 区域 '[T1 子类 K]="12 电子 ")
)
```

可以简写成如下格式：

```
当前 VS 电子类 2:=
SUM(' 区域 '[T3 销售册数 ])
/
CALCULATE(SUM([T3 销售册数 ]),' 区域 '[T1 子类 K]="12 电子 ")
```

综上所述，类似如下格式的 **DAX** 表达式：

```
FILTER(ALL([ 字段名 ]),[ 字段名 ]="XXXX")
```

可以简写成如下格式：

```
[ 字段名 ]="XXXX"
```

事实上，上述 DAX 表达式还不是很完美。例如，如果修改 Power Pivot 超级数据透视表布局，将 "T0 大类 K" 字段也加入数据透视表行标题中，那么除了 "1 科技" 图书大类外，其他图书大类下的 "当前 VS 电子类" 字段的值都是 "#NUM!"，如下图所示。

之所以出现上述问题，是因为虽然使用 ALL(' 区域 '[T1 子类 K]) 移除了数据透视表筛选环境中 "T1 子类 K" 字段的筛选限制，但也只是移除了这一个筛选限

制，数据透视表筛选环境中的其他筛选限制（无论是原有的还是新添加的）并不受影响。因此，在将"T0 大类 K"字段拖曳至数据透视表筛选环境中时，"T0 大类 K"字段的筛选限制仍然起作用，这时 ALL(' 区域 '[T1 子类 K]) 就变成了在图书大类限制下的 ALL() 函数，但是，除了"1 科技"图书大类外，"2 教育"和"3 文艺"图书大类下根本没有"12 电子"图书子类，因此 FILTER(ALL(' 区域 '[T1 子类 K]),' 区域 '[T1 子类 K]="12 电子 ") 的计算结果为空，这就是出现"#NUM!"的原因。

为了解决这个问题，我们将 ALL(' 区域 '[T1 子类 K]) 修改成 ALL(' 区域 ')，在数据透视表筛选环境中取消了所有字段的筛选限制，这样，无论将哪个字段拖曳至数据透视表筛选环境中，对 DAX 表达式"当前 VS 电子类 3"分母部分的 DAX 表达式都起不到筛选作用了，但对分子部分的 DAX 表达式 SUM(' 区域 '[T3 销售册数]) 的筛选作用依然存在，因为它没有从数据透视表筛选环境中移除任何筛选限制。能够完美地完成本案例任务的 DAX 表达式如下：

```
当前 VS 电子类 3:=
SUM(' 区域 '[T3 销售册数 ])
/
CALCULATE(
    SUM([T3 销售册数 ]),
    FILTER(ALL(' 区域 '),' 区域 '[T1 子类 K]="12 电子 ")
)
```

上述 DAX 表达式的计算结果如下图所示。

2.4.6 DAX 表达式与 Power Pivot 超级数据透视表布局

本节讲解 DAX 表达式与 Power Pivot 超级数据透视表布局之间的关系。

设计一个 DAX 表达式，并且将其拖曳至 Power Pivot 超级数据透视表值区域中，如果改变 Power Pivot 超级数据透视表布局，在数据透视表筛选环境中增加或减少筛选限制，那么该 DAX 表达式的计算结果会随着 Power Pivot 超级数据透视表布局的变化而重新计算，重新计算的结果也许会出现一些看似难以理解的变化。以前面讲过的一个 DAX 表达式为例：

```
电子类册数 :=CALCULATE(
    SUM([T3 销售册数 ]),
    FILTER(ALL(' 区域 '[T1 子类 K]),' 区域 '[T1 子类 K]="12 电子 ")
)
```

Power Pivot 超级数据透视表布局如下图所示。观察下图可知，Power Pivot 超级数据透视表值区域中有两个 DAX 表达式，其中 DAX 表达式"以下项目的总和 :T3 销售册数"是直接将数据源中的"T3 销售册数"字段拖曳至 Power Pivot 超级数据透视表值区域中得到的（数字字段默认为求和运算）。另一个 DAX 表达式"电子类册数"就是我们设计的 DAX 表达式。当数据透视表只有行标题，并且行标题是"T1 子类 K"字段时，DAX 表达式"电子类册数"似乎很完美。

但是，当在数据透视表行标题中加入"T0 大类 K"字段时，DAX 表达式"电

子类册数"似乎就不那么完美了，"电子类册数"字段中竟然出现了空值，如下图所示。

关于这个问题的解释上一节已有涉及，为了更加透彻地理解 Power Pivot，本节对该问题进行深入探讨。为了便于对比分析，我们再次展示 DAX 表达式"电子类册数"：

```
电子类册数 :=CALCULATE(
    SUM([T3 销售册数 ]),
    FILTER(ALL(' 区域 '[T1 子类 K]),' 区域 '[T1 子类 K]="12 电子 ")
)
```

在 DAX 表达式"电子类册数"中，作为 CALCULATE() 函数筛选器参数的 FILTER(ALL(' 区域 '[T1 子类 K]),' 区域 '[T1 子类 K]="12 电子 ") 用 ALL() 函数移除的只是数据透视表筛选环境中的筛选限制 ' 区域 '[T1 子类 K]，对其他字段的筛选限制没有影响。这时，这些包含在 ALL() 函数中的字段一旦被拖曳至数据透视表筛选环境中，它在数据透视表筛选环境中的作用就会显现出来。例如，当 Power Pivot 超级数据透视表行标题是"1 科技"图书大类的筛选限制时，会得到一个包含图书子类"11 机械"、"12 电子"和"13 网络"的数据源子集。用 FILTER() 函数的第一个参数 ALL(' 区域 '[T1 子类 K]) 移除了 ' 区域 '[T1 子类 K] 的筛选限制，再用 FILTER() 函数的第二个参数 ' 区域 '[T1 子类 K]="12 电子 " 对"1 科技"图书大类下的数据源子集进行进一步筛选，得到一个图书子类只有"12 电子"的更小的数据源子集，最后，用CALCULATE()函数的第一个参数（汇总参数）SUM([T3销售册数])对这个更小的数据源子集进行汇总计算。因此，在"1科技"图书大类下，DAX表达式"电子类册数"对应的数据透视表值区域中的单元格中有相同的数值33。

按照上述逻辑进行推演，在数据透视表筛选环境中图书大类是"2教育""3文艺"的筛选限制下，不可能得到包含"12电子"图书子类的数据源子集，因此，在"2教育""3文艺"图书大类中，即使用FILTER()函数的第一个参数ALL('区域'[T1子类K])移除了'区域'[T1子类K]的筛选限制，也不可能得到包含"12电子"图书子类的数据源子集（因为"12电子"图书子类不属于这两个图书大类），这时，用FILTER()函数的第二个参数'区域'[T1子类K]="12电子"对这个本来就不含"12电子"图书子类的数据源子集进行进一步筛选，会得到一个没有任何数据的空集。因此，在图书大类是"2教育""3文艺"的筛选限制下，DAX表达式"电子类册数"对应的数据透视表值区域中的单元格中没有任何数据（空值）。

现在，如果改变Power Pivot超级数据透视表布局，移除"T3销售册数"字段，那么没有值的字段就不会在数据透视表中显示了，如下图所示。

2.4.7 关于CALCULATE()函数的类比

本节对学过的知识做一个总结，以便温故知新。

对函数的学习，无论是DAX函数，还是Excel工作表函数，都要掌握以下四点：

- 参数个数；

- 数据类型；
- 使用顺序；
- 函数计算结果的数据类型，即函数的计算结果是数字、文本、还是一个表。

这四点是学习函数的四要素。

特别地，对于部分 DAX 函数，必须增加一点，即了解它的运算逻辑。例如，它是否属于逐行处理函数（如 FILTER() 函数），函数的参数如何参与运算。

关于函数参数参与运算的顺序，以 CALCULATE() 函数为例，该函数先处理第二个参数（筛选器参数），然后处理第一个参数（汇总参数）。

我们可以将函数比作一台加工设备。一台加工设备需要按特定的投放顺序投放一种或几种不同的原料（相当于函数的参数），在经过机器加工处理后，产出成品和半成品。成品相当于函数的最终计算结果，半成品则需要用另一种设备继续加工为成品，而这种以半成品为原料，在另一台设备上继续加工的情况就相当于函数嵌套概念。

以家里的豆浆机为例，这台豆浆机就相当于一个 DAX 函数。豆浆机（函数）需要的原料是豆子和水，豆子和水相当于函数的参数。豆浆机加工产出的产品是生豆浆，生豆浆相当于函数的计算结果。豆浆机用豆子和水作为参数的 DAX 函数的语法格式如下：

=豆浆机（豆子，水）

该 DAX 函数的返回值为生豆浆。

如果豆浆机的使用说明书要求，在使用这台豆浆机时，先放豆子，再放水，投放顺序不能颠倒，那么该要求对应到 DAX 函数的意思就是，函数的参数必须严格放在其预先定义的位置，顺序不可颠倒，否则函数就有可能计算错误。这里的豆浆机使用说明书就相当于 DAX 函数的帮助文档。

此外，在使用豆浆机时，不能给豆浆机加错原料（参数类型不能用错）。你不能这样使用豆浆机：

=豆浆机（小石子，水）

如果函数某个参数位置处需要一个数字类型的参数，你却放置了一个文本数据，那么函数通常会报错，不会得到正确的计算结果。

有些 DAX 函数有可选参数，类似于豆浆机可以根据个人需要增加一些附加原料。例如，喜欢甜味的豆浆，可以这样：

=豆浆机（豆子，水，糖）

至于一个函数是否可以使用可选参数，以及可选参数的类型，我们必须查看 DAX 函数的帮助文档来确定。

DAX 函数的计算结果既可以作为最终结果，也可以作为其他 DAX 函数的参数。正如豆浆机的产品（生豆浆）可以作为最终产品，也可以继续加工，用电热杯煮开作为熟豆浆饮用。如果电热杯也是一个 DAX 函数，那么该函数的语法格式如下：

```
= 电热杯（
    豆浆机（豆子，水）
）
```

这种格式就是函数嵌套。

2.4.8　返回表的 CALCULATETABLE() 函数

在介绍 CALCULATETABLE() 函数之前，让我们先回顾一下 CALCULATE() 函数，这是 DAX 函数中最重要的一个函数。CALCULATE() 函数一般有两个参数，第一个是起汇总作用的 DAX 表达式（汇总参数），第二个是对数据透视表筛选环境进行修改的 DAX 表达式（筛选器参数），这两个参数顺序不能颠倒。对于 CALCULATE() 函数，我们还需要注意它的内部运算逻辑：

CALCULATE() 函数在运算时，先执行第二个参数，即先对数据透视表的当前数据透视表筛选环境进行修改，然后在基于修改了的数据透视表筛选环境下，进行由其第一个参数指定的汇总计算。需要注意的是，这里所说的对数据透视表筛选环境的修改，只在 CALCULATE() 函数的运算过程中有效。

CALCULATETABLE() 函数 是 CALCULATE() 函数 的 兄弟函数，用法和 CALCULATE() 函数基本相同，不同的是，CALCULATE() 函数的第一个参数的计算结果是一个汇总值，而 CALCULATETABLE() 函数的第一个参数的计算结果是一个表，这也是 CALCULATETABLE() 函数名称的由来（CALCULATETABLE() 函数名称的拼写为 CALCULATE+TABLE）。CALCULATETABLE() 函数的语法格式如下：

```
=CALCULATETABLE（
    计算结果为表的 DAX 表达式，
    改变数据透视表筛选环境的 DAX 表达式
）
```

将 CALCULATETABLE() 函数比作一台加工设备，这台设备需要两种原料，一种是修改当前数据透视表筛选环境的 DAX 表达式（它的第二个参数，即筛选器参数），另一种是基于修改后的数据透视表筛选环境进行汇总计算的 DAX 表达式（它的第一个参数，即汇总参数）。这两种原料（参数）的投放顺序为，修改当前数据透视表筛选环境的 DAX 表达式（筛选器参数）必须放在第二个位置，基于修改后的数据透视表筛选环境进行汇总计算且计算结果为表的 DAX 表达式（汇总参数）必须放在第一个位置。一定要在函数的正确位置放置正确的参数，否则会导致函数不工作或函数计算结果错误等问题。

之所以先介绍 CALCULATETABLE() 函数的第二个参数，是因为 CALCULATETABLE() 函数与 CALCULATE() 函数一样，其内部运算逻辑都是先执行第二个参数，再执行第一个参数。

CALCULATETABLE() 函数的计算结果是一个表，这个表既可以作为最终结果，又可以作为下一个 DAX 函数的参数，但前提是下一个 DAX 函数需要这种表数据类型的参数。

观察下面的 DAX 表达式，该 DAX 表达式计算的是"2 教育"图书大类的销售发生次数（假设数据源中的一条记录表示销售发生一次）。

```
教育图书行数:=COUNTROWS(
    CALCULATETABLE(
        '区域',
        FILTER(All('区域'[T0大类K]),'区域'[T0大类K]="2教育")
    )
)
```

在 Power Pivot 数据模型管理界面的 DAX 表达式编辑区中的单元格中输入上述 DAX 表达式，并且将该 DAX 表达式字段"教育图书行数"拖曳至 Power Pivot 超级数据透视表值区域中，然后调整 Power Pivot 超级数据透视表布局，如下图所示。这时我们看到，在"教育图书行数"字段中，每个图书大类对应的值都为 36。关于这个结果，请自行到数据源中验证。注意，这里算出来的结果不是册数，而是数据源中满足 DAX 表达式计算结果的记录的条数。

前面在讲解 FILTER() 函数时提到过，类似 FILTER(ALL([字段名]),[字段名]="XXXX") 的 DAX 表达式可以直接写成 [字段名]="XXXX"，因此，上述 DAX 表达式可以写成更简短的格式：

```
教育图书行数 :=COUNTROWS (
    CALCULATETABLE (
        ' 区域 ',
        ' 区域 '[T0 大类 K]="2 教育 "
    )
)
```

注意，之所以在 CALCULATETABLE() 函数外面包裹一个 COUNTROWS() 函数，是因为 Power Pivot 超级数据透视表值区域中的单元格中只能存放数值，而 CALCULATETABLE() 函数的计算结果是一个表，是无法在 Power Pivot 超级数据透视表值区域中的单元格中呈现的。因此，这里用 COUNTROWS() 函数计算出 CALCULATETABLE() 函数计算结果的行数。

我们知道，CALCULATE() 函数可以只有一个参数，同样地，CALCULATETABLE() 函数也可以只有一个参数。例如，计算在当前数据透视表筛选环境下图书销售发生的次数（数据源中销售记录的条数），其 DAX 表达式如下：

```
图书行数 :=COUNTROWS (
    CALCULATETABLE (' 区域 ')
)
```

对应的 Power Pivot 超级数据透视表布局如下图所示。

2.4.9　逐行处理汇总函数 SUMX()

前面曾经说过，FILTER() 函数是一个逐行处理函数。逐行处理函数的内部运算逻辑：对第一个参数所指定的表进行逐行判断或计算，然后将逐行判断或计算的结果以一个表或汇总成一个值的形式呈现。

在 DAX 函数中，这类具有逐行处理能力的函数有很多，并且这类函数的名称通常以 X 结尾，如前面学过的 CONCATENATEX() 函数。CONCATENATEX() 函数本质上是一个逐行处理函数，它的功能是逐行取出由其第一个参数指定表中特定列中的内容，然后将该列中的所有内容用指定的分隔符连接成一个长字符串。

本节我们再介绍一个非常有代表性的，并且非常重要的逐行处理函数——SUMX() 函数。对于其他逐行处理函数，我们将在以后的章节中逐步引入。

大家可能已经注意到，前面介绍的 DAX 表达式都是用于计算图书销售册数的，但在现实中，数据分析通常以计算销售金额为主。在本书的数据源中，并没有直接给出图书的销售金额。在 Power Pivot 中，计算图书销售金额有两种方法，一种是在 Power Pivot 数据模型管理界面中添加新的计算列，另一种是设计 DAX 表达式。

用添加计算列的方法计算图书销售金额非常简单，进入 Power Pivot 数据模型管理界面，在数据表的最后一列任选一个单元格，在公式栏中输入如下计算列公式：

=' 区域 '[T3 销售册数]*' 区域 '[T3 销售单价]

然后双击列标题，将标题名称修改为"销售金额"，如下图所示。

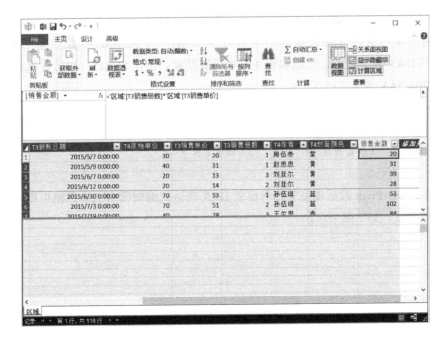

返回 Power Pivot 超级数据透视表界面，将刚刚添加的计算列字段拖曳至 Power Pivot 超级数据透视表值区域中，计算结果如下图所示。

上述方法虽然能够完成任务，但是 Power Pivot 设计人员建议尽量少使用计算列。他们认为，对于超大表来说，使用计算列会消耗较多的计算机软硬件资源。为此，他们专门设计了逐行处理汇总函数 SUMX()，将 SUMX() 函数应用于 Power Pivot 的 DAX 表达式中，可以实现同样的计算功能。使用 SUMX() 函数计算图书销售金额的 DAX 表达式如下：

```
销售金额 SUMX:=SUMX(
    '区域',
    '区域'[T3 销售册数]*'区域'[T3 销售单价]
)
```

在 Power Pivot 数据模型管理界面的 DAX 表达式编辑区中的单元格中输入上述 DAX 表达式，如下图所示。

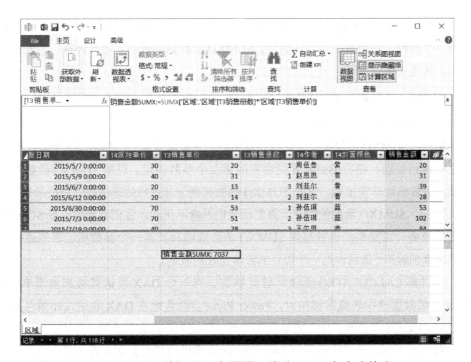

切换至 Power Pivot 超级数据透视表界面，将该 DAX 表达式拖曳至 Power Pivot 超级数据透视表值区域中，计算结果与采用计算列方法的计算结果是一致的，如下图所示。

下面详细介绍 SUMX() 函数的使用方法。SUMX() 函数是 Power Pivot 中经常用到的一个函数，该函数的官方说明为，SUMX() 函数返回表中"每行计算"的表达式之和，其语法格式如下：

```
=SUMX（特定的表参数，逐行运算的表达式）
```

针对 SUMX() 函数的官方解释，需要强调以下两点。

第一：SUMX() 函数是一个逐行处理函数，它能够对第一个参数指定的表中的每行进行逐行处理，每行的处理规则由它的第二个参数决定。理解 SUMX() 函数逐行处理的运算机制非常重要，这是 SUMX() 函数区别于非逐行处理函数的特征所在。

第二：SUMX() 函数的内部运算逻辑我们是看不见的，我们看到的只是 SUMX() 函数的最终计算结果。也就是说 SUMX() 函数能够将其第一个参数指定表的逐行处理结果累加起来，最后作为一个独立的数值呈现给我们。

在讲解 CALCULATE() 函数时曾经提到，当一个 DAX 表达式被拖曳至 Power Pivot 超级数据透视表值区域中时，Power Pivot 会隐含地在 DAX 表达式外面包裹一个 CALCULATE() 函数，使之能够识别其当前所处的数据透视表筛选环境。

针对本案例，虽然我们只在 Power Pivot 数据模型管理界面中输入了一个非常简单的 DAX 表达式：

```
销售金额 SUMX:=SUMX('区域','区域'[T3 销售册数]*'区域'[T3 销售单价])
```

但是，它却完成了以下逻辑：对 DAX 表达式"销售金额 SUMX"所处的当前数据透视表筛选环境下的数据源子集中的每行，计算出'区域'[T3 销售册数]*'区域'[T3 销售单价] 的结果，并且将这些结果汇总成一个数值。

为了使大家加深对 SUMX() 函数的理解，我们再举一个例子，顺便复习一下前面学过的 ALL() 函数，同时引入一个超级简单的算术函数——DEVIDE() 函数。

要计算每类图书的销售金额比较简单，用 SUMX() 函数创建一个 DAX 表达式，将其拖曳至 Power Pivot 超级数据透视表值区域中即可。但是，如果要得到当前数据透视表筛选环境下的图书销售金额与图书销售总金额的比值，就需要借助 ALL() 函数了，其 DAX 表达式如下：

```
销售额占比 01:=SUMX('区域','区域'[T3 销售册数]*'区域'[T3 销售单价])
/
SUMX(ALL('区域'),'区域'[T3 销售册数]*'区域'[T3 销售单价])
```

在 DAX 表达式中，一般使用 DIVIDE() 函数代替除号，DIVIDE() 函数的语法格式如下：

```
=DIVIDE（分子，分母）
```

使用 DEVIDE() 函数代替除号的特点：当除法的分母为 0 时，计算结果显示为空，不会显示错误符号。

将 DAX 表达式"销售额占比 01"中的除号用 DEVIDE() 函数代替后的 DAX 表达式如下：

```
销售额占比02:=DIVIDE(
SUMX('区域','区域'[T3销售册数]*'区域'[T3销售单价])
,
SUMX(ALL('区域'),'区域'[T3销售册数]*'区域'[T3销售单价])
)
```

DAX 表达式"销售额占比 01"和 DAX 表达式"销售额占比 02"的计算结果如下图所示。

2.5　Power Pivot 的初步总结

本节对 Power Pivot 进行初步总结。Power Pivot 本质上是一个数据库，是一个数据管理和报告系统，虽然它在外观上和传统 Excel 数据透视表几乎一样，但其具有一些值得特别强调的特点。

第一，传统 Excel 数据透视表最初只是用于分析数据源为一个表的数据，但是随着数据源的多元化，传统 Excel 数据透视表在多表关联分析方面显得越来越乏力。Power Pivot 能够从各种类型的数据源中抓取数据，并且通过数据建模关联来自各种数据源的数据表，下一章我们将重点讲解这部分内容。

第二，Power Pivot 能够使数据分析流程更加紧密流畅。Power Pivot 的多表关联能力和强大的 DAX 函数能够使整个数据分析过程浑然天成。以前必须借助传统 Excel 数据透视表以外的功能才能完成的分析工作，在 Power Pivot 中只需建立好数据分析模型。当数据源中的数据发生变化时，刷新一下 Power Pivot 即可得到最新的数据报告。

第三，Power Pivot 的易获得性。每个新版 Excel 用户（这里指的是 Excel 2013 及以上用户或 Microsoft Office 365 订阅用户）都能接触到 Power Pivot，而且只要有决心学习，就能学会。这样，原本只有 IT 人员在昂贵的、专用软硬件支持环境下才能做到的事情，普通 Excel 用户也能做到了。

第四，Power Pivot 的成本低。Power Pivot 属于商务智能工具。一个企业，如果部署专业的商务智能解决方案，其成本是非常高的。但 Power Pivot 给了我们一个低成本应用商务智能的机会，使我们有机会将本来昂贵的商务智能解决方案以低成本在短时间内实现，这对部门级生产力的提升是明显的。

第五，Power Pivot 的可移植性。Power Pivot 是由微软 SQL Server 团队打造的。用 Power Pivot 建立的数据模型可以很轻松地移植到更专业的平台中。因此，如果使用 Power Pivot 建立了一个小范围已验证的、成功的解决方案，并且认为值得推广和持久性保留，那么可以轻松将其移植到更稳定可靠的专业数据库中。

第 **3** 章

Power Pivot，多表建模

在实际数据分析场景中，数据源往往具有多元性，如果你认为 Power Pivot 的能力仅限于数据源为一个表的处理，那就大错特错了。

本章介绍 Power Pivot 的全新内容——Power Pivot 多表建模。这部分内容包括 Power Pivot 数据建模方法及 DAX 表达式对 Power Pivot 数据模型的操纵与数据的提取。这部分的内容非常重要，并且略有难度，大家一定要按章节顺序学习。

3.1　Power Pivot 数据模型的建立

3.1.1　数据的获取

俗话说，巧妇难为无米之炊，在进行数据分析时的第一件事就是获取数据。数据有多种来源：可能是从网页上下载的，可能是公司业务系统提供的，也可能是自己部门多年积累的。

在通常情况下，Excel 用户拿到的并不是原始数据，而是 IT 部门（信息技术部）为了方便业务部门使用，初步加工处理过的数据。如下图所示，在这个表中有很多列，包含我们所需要的大部分信息，将这些数据直接导入 Power Pivot 中进行分析即可。

我们经常有这样的错觉：IT 部门能够帮助我们解决一切问题。然而在现实中，IT 部门总是很忙，我们的数据分析需求又是如此多变：时而需要对不同的数据源进行关联分析，时而需要添加对业务数据的自定义分类，等等。在这种情况下，我们不得不自己动手，利用 Power Pivot 的数据建模功能，将来自不同数据源、不同主题的数据表提取出来，建立表间关联关系，然后进行分析。

本书前面使用的只有一个表的案例数据，其原始数据在图书销售系统的后台数据库中是分成五个表进行存储的，分别是"T0 大类"表、"T1 子类"表、"T2 书号"表、"T3 销售"表、"T4 图书"表。在这五个表中分别存储着不同主题的数据。下面讲解如何使用 Power Pivot 的数据建模功能，将这些表按照图书销售管理的业务逻辑关联起来，然后使用 DAX 进行数据分析。

3.1.2 使用 Power Pivot 的数据建模能力

作为数据分析人员，我们经常要求 IT 部门提供数据分析所用的原始数据。公司里每个人都很忙，频繁地发出数据请求并等待，浪费时间，还增加了 IT 部门的工作量。因此，为了解决这个问题，IT 部门通常会给我们一个业务数据库的只读权限，或者建立一个数据仓库，然后对我们说："你想要什么数据自己到数据库里面取吧！"

什么？自己取数据？尽管听起来不错，IT 部门给了我们数据库的读取权限，可以随时读取所需的数据，这确实是件好事儿。可是，这些数据看起来如此散乱，我们实在不知道怎么将这些数据有机地联系起来啊！这看起来应该是 IT 专业人员的工作啊！

你说得对，这些工作以前确实是由 IT 专业人员完成的，但是现在有了 **Power Pivot** 自助式商务智能分析工具，即使作为普通 Excel 用户的我们，也能够轻松地利用各种数据来源的原始数据实现复杂的数据处理和分析。

3.1.3 一花一世界，一表一主题

上一节提到本书前面使用的单独的数据表，其实是用图书销售系统业务数据库中的多个表加工而来的。

提到数据库，作为非 IT 专业人员，粗略地解释，就是存储数据用的计算机软硬件的总称。为了大家理解起来更容易一些，我们可以这样通俗地描述数据库：在数据库中，数据是以一个个数据表的形式存在的。在每个表中存储着一条条相似的数据，或者说在每个表中存储着同一个主题的数据。例如，前面章节中的图书销售数据，实际上是分为五个数据表存储于数据库中的。

在数据库中，数据拆分成不同的数据表，是为了减少数据冗余和可能出现的数据不一致问题。关于更深入的数据库理论，不是我们非 IT 专业人员研究的内容，我们只要会从数据库中提取数据并使用就足够了。

本书的案例数据存储于 Access 数据库中。Access 数据库是 Office 专业版软件的一个组件。在 Access 数据库中，图书销售系统的五个不同主题的表如下图所示。

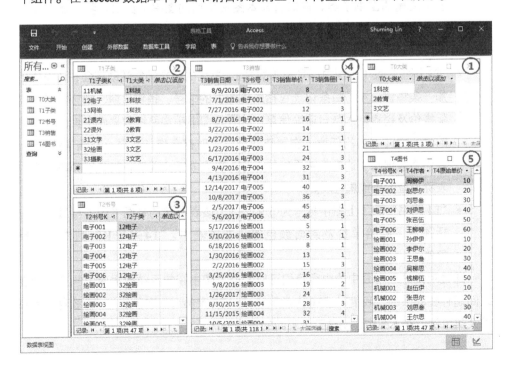

结合上图，下面分别介绍每个主题表中存储的数据的详细情况。

- "T0 大类"表（上图中标号为①的表）：该表存储的是图书大类的名称列表。本书案例中的虚拟书店所经营的图书共分为三大类，分别是"科技""教育""文艺"。为了方便读者学习和查看，我们在这些图书大类名称前面加上了编号，分别命名为"1 科技""2 教育""3 文艺"。接下来介绍的图书子类名称、书号等在前面加数字也是同样的目的。注意，在该表中，"T0 大类 K"列中没有重复值。在本书中，为了便于读者学习，我们在每个表中没有重复值的字段名称后面都加了字母 K，表示该字段是没有重复值的关键字（Key）字段。

- "T1 子类"表（上图中标号为②的表）：该表是一个信息对应表，存储的是图书子类及图书子类与其所属的图书大类的对应关系。在知道图书子类后，通过该表可以查询到对应的图书大类；或者在知道具体的图书大类后，通过该表可以查询到该图书大类下有哪些具体的图书子类。注意，在该表中，"T1 子类 K"列中没有重复值。

- "T2 书号"表（上图中标号为③的表）：该表也是一个信息对应表，存储的是书号及书号与其所属的图书子类的对应关系。在该表中，"T2 书号 K"列中没有重复值。我们可以在该表中查询虚拟书店中每种图书（用书号代表）所属的图书子类。在知道某本图书所属的图书子类后，我们还可以结合"T1 子类"表（图书子类与图书大类对应表）查询到该图书所属的图书大类。

- "T3 销售"表（上图中标号为④的表）：书店的每次销售活动都会在该表中增加一条销售记录。每条记录包括所售图书的书号、销售日期、销售数量、实际售价及销售款入账日期等信息。该表是图书销售系统数据库中更新最频繁的表，它在书店的任意一次销售活动发生时都会增加数据。在通常情况下，我们将数据库中这类频繁更新的表称为事实表或交易表，将更新频率较低的表称为查询表或属性表。

- "T4 图书"表（上图中标号为⑤的表）：该表存储的是图书的各种属性，包括作者、原始单价及封面颜色等。在该表中，"T4 书号 K"列中没有重复值。

通过观察这五个表中的内容我们可以知道，图书销售系统数据库中的这五个表之间是存在联系的。我们以"T0 大类"表中"T0 大类 K"字段值为"2 教育"的图书大类为例，在下图中说明这五个表间的关联关系。

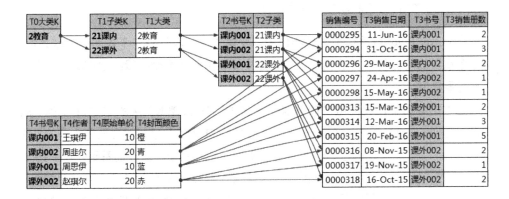

在如上表间关系图中，我们可以看到：以"T0 大类"表中"2 教育"图书大类为索引，我们可以在"T1 子类"表中找到所有属于该图书大类的图书子类；接着，针对任意一个图书子类，我们可以在"T2 书号"表中找到属于该图书子类的所有书号；继续类似的过程，对于任意一个书号，我们可以在"T3 销售"表中找到所有关于该书号的图书的销售记录；最后，我们还可以通过书号信息在"T4 图书"表中找到关于该书号的图书的作者、原始单价、封面颜色等相关信息。

以上文字还可以换一种表述：以"T0 大类"表中的"2 教育"图书大类为索引，我们可以从"T1 子类"表中抽取出所有属于该图书大类的图书子类；在有了图书子类后，我们可以通过"T2 书号"表中图书子类和书号的对应关系，进一步抽取出所有属于该图书大类的图书的书号；在有了属于该图书大类的图书的书号后，我们可以在"T3 销售"表中抽取出该图书大类下所有图书的销售记录；最后，以"T3 销售"表中的书号为索引，我们可以从"T4 图书"表中抽取出关于该书号的图书的作者、原始单价等图书属性信息。

综上所述，给定了图书大类，我们可以从数据库中相关联的表中抽取出一串信息。

这里我们使用了"抽取"一词，这是表间存在逻辑关联关系的形象化表达。在Power Pivot 超级数据透视表的 DAX 数据分析表达式术语中，将"用一个表中的信息到另一个表中提取相关信息"的过程称为"筛选"，其通俗含义就是"抽取"。

需要强调的是，Power Pivot 数据模型中的这些表间是存在关联关系的，但是，我们观察出来的表间关联关系并不代表 Power Pivot 也能自动感知到这些表间关联关系。我们必须在 Power Pivot 数据模型管理界面中使用"连线"的方式，明确地指明 Power Pivot 数据模型中的这些表间关联关系。我们将这种通过特定操作，明确地指明 Power Pivot 数据模型中的表间存在某种关联关系的操作称为 Power Pivot 数据建模。

3.1.4 表中的关键字与非重复值

在 Power Pivot 数据模型管理界面中，要建立一个表与另一个表间的关联关系，有一个重要的前提条件：在两个表中，建立关联关系的两个字段必须在其中一个表中没有重复值。

在本书案例中，我们用"T0 大类"表中的"T0 大类 K"字段与"T1 子类"表中的"T1 大类"字段建立两个表间的关联关系，如左图所示。我们看到，在"T0 大类 K"字段中没有重复值，并且，"T0 大类 K"字段中的每个图书大类在"T1 子类"表中对应着多个图书子类。

T0大类K
1科技
2教育
3文艺

T1子类K	T1大类
11机械	1科技
12电子	1科技
13网络	1科技
21课内	2教育
22课外	2教育
31文学	3文艺
32绘画	3文艺
33摄影	3文艺

注意，这里描述的"建立两个表间的关联关系"目前只是一个概念上的描述，具体如何在 Power Pivot 数据模型管理界面中操作，将在下一节进行详细讲解。

在建立好这两个表间的关联关系后，就可以用"T0 大类"表中的任意一个图书大类从"T1 子类"表中抽取出多个对应的图书子类。在数据库术语中，这种关系被称为"一对多"关系。

在这个数据库中，我们还可以用"T2 书号"表中的"T2 书号 K"字段与"T3 销售"表中的"T3 书号"字段建立两个表间的关联关系，如下图所示。"T2 书号"表中的"T2 书号 K"字段中没有重复值，但在"T3 销售"表中的"T3 书号"字段中有重复值，这是因为，一个书号可以对应多条销售记录。总之，这两个表间存在"一对多"关系。

T2书号K	T2子类
电子001	12电子
电子002	12电子
电子003	12电子
电子004	12电子
电子005	12电子
电子006	12电子
绘画001	32绘画

销售编号	T3销售日期	T3书号	T3销售单价	T3销售册数	T3到账日期
0000257	09-Aug-16	电子001	8	1	10-Aug-16
0000258	01-Jul-16	电子001	6	3	11-Jul-16
0000258	27-Jul-16	电子002	12	3	16-Aug-16
0000259	07-Aug-16	电子002	16	1	18-Aug-16
0000260	22-Mar-16	电子002	14	3	02-Apr-16
0000261	27-Feb-16	电子003	21	1	16-Mar-16
0000262	23-Jan-16	电子003	21	1	05-Feb-16
0000263	17-Jun-16	电子003	24	3	23-Jun-16
0000264	04-Sep-16	电子004	32	1	06-Sep-16
0000265	13-Apr-16	电子004	31	3	15-Apr-16
0000266	14-Dec-17	电子005	40	2	25-Dec-17
0000267	08-Oct-17	电子005	36	3	23-Oct-17
0000269	05-Feb-17	电子006	45	1	12-Feb-17
0000268	06-May-17	电子006	48	5	26-May-17
0000272	17-Jun-16	绘画001	5	1	30-May-16
0000270	10-May-16	绘画001	5	1	22-May-16
0000271	18-Jun-16	绘画001	8	1	19-Jun-16

这里再次强调，如果想在 Power Pivot 数据模型中建立两个表间的关联关系，那么必须保证：用于建立关联关系的两个表中的字段必须在其中的一个表中没有重复值。在数据库中，没有重复值的字段一般可以作为表的关键字字段。关键字字段之

所以关键，就是因为没有重复值。对于一个表，如果给出该表中关键字字段中的任意一个值，就能唯一确定这个值在表中对应的记录。

3.1.5　表间的关联关系

在从数据源中导入数据后，需要对各个表中的数据样本进行观察，从而透彻地了解表间的逻辑关联关系，然后在 Power Pivot 数据模型管理界面中建立表间的关联关系，这是非常重要的一步。仅仅在自己的脑子里了解表间关联关系是没用的，必须在 Power Pivot 数据模型管理界面中进行相关设置，使 Power Pivot 明确表间的关联关系。

在讲解如何在 Power Pivot 数据模型管理界面中建立表间的关联关系前，先讲解如何将外部数据导入 Power Pivot 数据模型中。为了让没有大型数据库使用经验的读者了解 Power Pivot 的数据导入流程，我们将数据源存储于 Access 数据库中。如果你的数据源存储于 SQL Server 数据库或 Oracle 等大型数据库中，关于 Power Pivot 连接数据库的方法请咨询你公司的 IT 部门。在本书中，将 Access 数据库中的数据导入 Power Pivot 数据模型的方法如下。

首先进入 Power Pivot 数据模型管理界面，选择"从数据库"→"从 Access"命令，在弹出的"表导入向导"对话框中，单击"数据库名称"文本框右侧的"浏览"按钮，选择本书案例数据的 Access 文件，如下图所示。因为该 Access 数据库没有设置用户名和密码，因此可以直接单击"下一步"按钮。

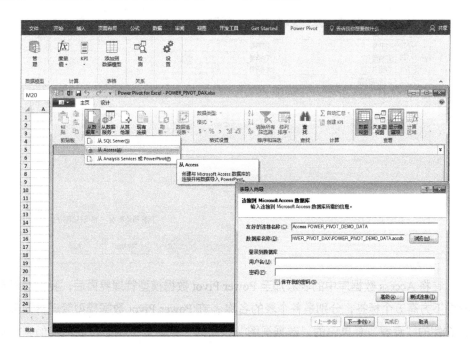

接下来，选择"从表和视图的列表中进行选择，以便选择要导入的数据"单选按钮，然后单击"下一步"按钮，如下图所示。

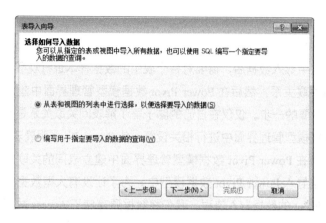

这时，我们看到了 Access 数据库中的所有表，这里我们只选择前面提到过的五个表，然后单击"完成"按钮，如下图所示。

在将 Access 数据库中的表添加至 Power Pivot 数据模型管理界面后，我们会看到界面下方有五个标签，分别是各个表的名称；在 Power Pivot 数据模型管理界面菜单栏右侧的"查看"菜单中的"数据视图"按钮处于默认选中状态，表示我们当前看

到的是数据源中的实际数据，如下图所示。

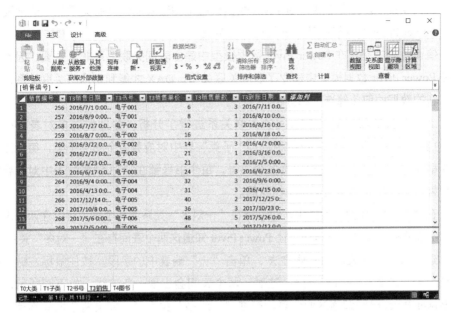

单击"关系图视图"按钮，将 Power Pivot 数据模型管理界面的视图从数据视图切换至关系图视图，如下图所示。

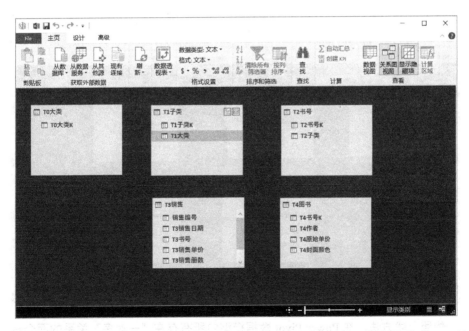

在关系图视图中，我们看到的是每个表的字段结构，即表中包含哪些列。目前，各个表间是孤立的。作为数据分析人员的我们，通过对数据源中的表的初步探查可知，各个表中的数据是存在逻辑关联的，但是 Power Pivot 数据模型并不能自动感知表间的关联关系。如何让 Power Pivot 数据模型也知道表间的关联关系呢？这需要我们在 Power Pivot 数据模型管理界面进行相关设置。

值得注意的是，在 Power Pivot 数据模型中建立表间关联关系非常重要，因为只有在 Power Pivot 数据模型中建立了表间关联关系，DAX 才能利用这些关联关系，进行正确的数据抽取（筛选）和分析。

上一节我们已经对各个表间的关联关系进行了分析，并且发现多对表间存在"一对多"关系：每个图书大类都在"T1 子类"表中对应着多个图书子类，每个图书子类都在"T2 书号"表中对应着多个书号，每个书号都在"T3 销售"表中对应着多次销售，这种表间结构类似一个树状图。

在 Power Pivot 数据模型中，对于存在"一对多"关系的两个表，可以在两个表对应的字段名称间建立一条连线，让 Power Pivot 知道这两个表间存在"一对多"关系。

建立表间关联关系的具体方法：单击"一"端表中的字段，按住鼠标左键，拖曳至"多"端表中的对应字段，这时，两个表间会出现一条连线，如下图所示，表示 Power Pivot 已经知道这两个表间存在"一对多"关系了。如果两个表间不存在严格的"一对多"关系，这个操作会失败。

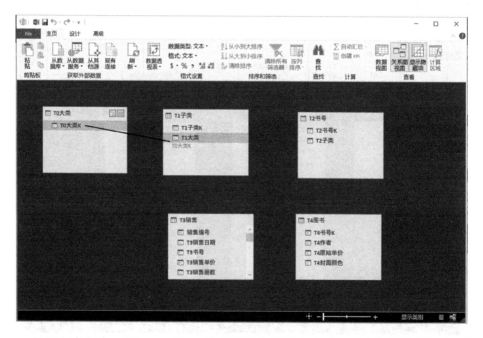

依照上述方法，在 Power Pivot 数据模型中所有存在"一对多"关系的两个表间建立关系连线，如下图所示。我们看到，"一对多"关系连线的"一"端有一个数字

1，"多"端有一个"*"号。

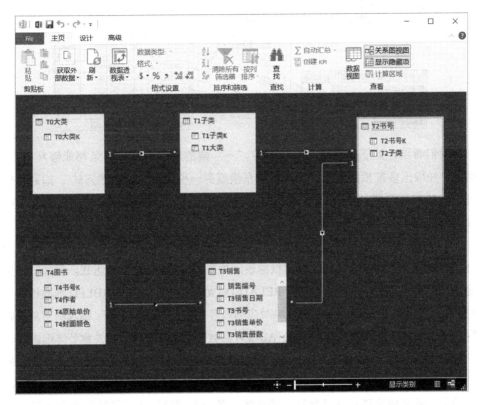

就这样，我们将自己分析出来的表间关联关系，以连线的方式告诉 Power Pivot 数据模型了。此时，DAX 表达式就可以自动利用 Power Pivot 数据模型中已设置好的表间关联关系进行相应的逻辑运算了。

清楚地理解 Power Pivot 数据模型是设计和解析 DAX 表达式的前提。换句话说，要设计和解析 DAX 表达式，首先要清楚地理解 Power Pivot 数据模型，即清楚地理解各个表间已经建立的关联关系。

将数据源中各个表间的关联关系以在表间建立关系连线的方式准确地反映到 Power Pivot 数据模型中是 Power Pivot 数据分析的基石。

3.1.6　无数据模型，不 Power Pivot

在 Power Pivot 中，设计良好的数据模型是 Power Pivot 数据分析的基础，因此非常有必要再次深入探讨一下 Power Pivot 数据模型。再次观察本书案例中的各个表间的关联关系，如下图所示。

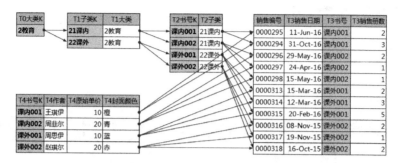

我们看到，处于"一对多"关系中"一"端的表，其每条记录都能够从"多"端表中抽取出多条相关记录。将这种关系换成另一种更形象的表述方式：如果数据模型中的某两个表间存在"一对多"关系，那么"一"端表中的每条记录都可以"牵"出"多"端表中的多条记录。

我们在 Power Pivot 数据模型管理界面建立表间关联关系的目的是让 Power Pivot 也知道表间关联关系的存在，以便根据表间关联关系设计 DAX 表达式。例如，一旦建立了表间关联关系，就可以使用 RELATED() 函数与 RELATEDTABLE() 函数检索当前记录的直接"父辈"（"一"端表中对应的内容）和"子辈"（"多"端表中对应的内容）。RELATED() 函数与 RELATEDTABLE() 函数的用法将在后面相关章节详细讲解。

在 Power Pivot 数据模型中，这种表间关联关系可以用如下图所示的示意图形象地表达，"父辈"表中的一条记录可以"牵"出"子辈"表中的多条记录。在 DAX 术语中，通常将这种根据"父辈"表中的一条记录"牵"出"子辈"表中对应的多条记录的操作称为筛选。大家要记住这个形象化的示意图，该图对我们设计和理解复杂的 DAX 表达式非常有帮助。

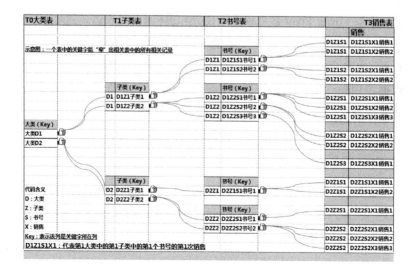

3.1.7 表间的上下级关系

观察本书案例中的 Power Pivot 数据模型，如下图所示。

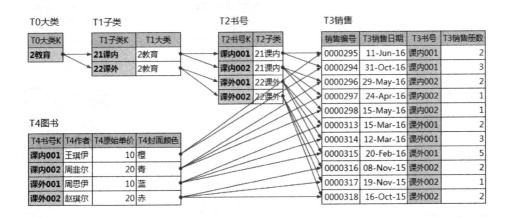

我们发现，Power Pivot 数据模型中的表间存在类似于父子或上下级的关系。例如，在"T0 大类"表中，每个图书大类在"T1 子类"表中都对应着多个图书子类，"T1 子类"表中的内容其实就是图书大类与图书子类的关系对应表。

"T0 大类"表中的每个图书大类都可以看作"T1 子类"表中对应的多个图书子类的"父亲"或"上级"。"T0 大类"表可以称为"T1 子类"表的父表或上级表，"T1 子类"表则可以称为"T0 大类"表的子表或下级表。在以后的学习中我们会经常使用这个称呼，请大家理解其含义。

3.1.8 用 DAX 思考，Think in DAX

有了 Power Pivot 数据模型的基本概念，我们就可以基于 Power Pivot 数据模型的概念思考关于 DAX 表达式的问题了，即 Think in DAX。

我们需要带着明确的目的设计 DAX 表达式，了解 DAX 表达式对 Power Pivot 数据模型的影响，并且能够预测 DAX 表达式的计算结果。接下来进行一些简单的 Think in DAX 思维训练。

在进行 Think in DAX 思维训练之前，需要再次熟悉一下本书案例中所使用的数据。前面我们根据本书案例中的数据模型抽象出如下图所示的表间关联关系示意图，接下来的几个 Think in DAX 思维训练问题都是结合这个示意图提出的。

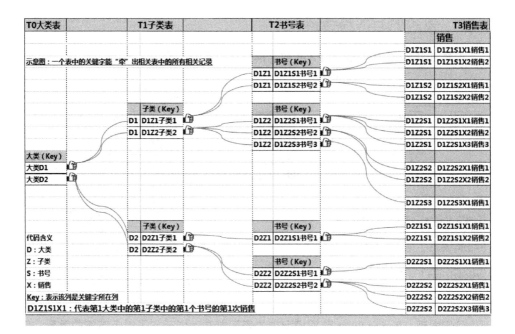

第一个问题：结合上图，如果只选择"大类 D1"，我们能从 Power Pivot 数据模型中抽取哪些数据？在下图中，用曲线包围起来的部分便是该问题的答案。

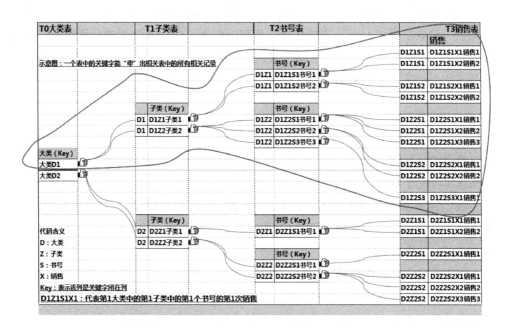

第二个问题：如果只选择"大类 D1"中的"D1Z2 子类 2"和"大类 D2"中的"D2Z2 子类 2"，我们能从 Power Pivot 数据模型中抽取哪些数据？在下图中，用曲线

包围起来的部分便是该问题的答案。

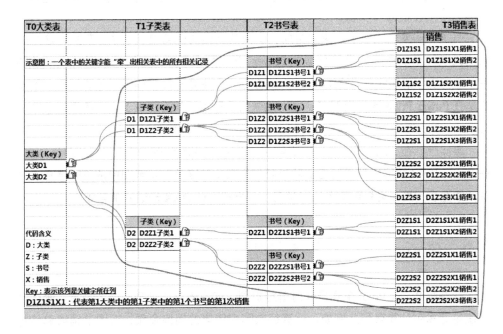

第三个问题：如果选择所有图书子类，我们能从 Power Pivot 数据模型中抽取哪些数据？在下图中，用曲线包围的部分便是该问题的答案。

第四个问题：如果选择了"大类 D1"中的"D1Z2 子类 2"和"大类 D2"中的"D2Z1 子类 1"，同时限定书号必须是"大类 D2"中的"D2Z1 子类 1"中的"D2Z1S1 书号 1"，那么，我们能从 Power Pivot 数据模型中抽取哪些数据？在下图中，用曲线包围的部分便是该问题的答案。

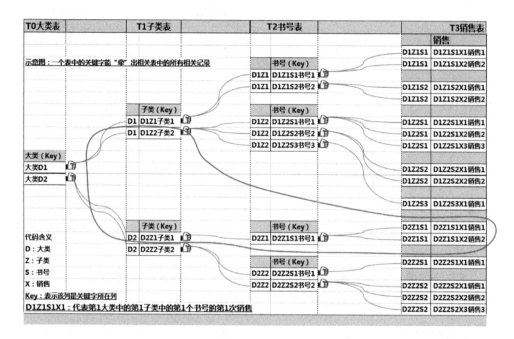

有了表间关联关系示意图的帮助，上面的问题变得简单清晰了。其实，这里的表间关联关系示意图就是简化版的 Power Pivot 数据模型。在表间关联关系示意图中，不同表间的连线就是在 Power Pivot 数据模型中建立起来的表间关联关系。不同的是在 Power Pivot 数据模型中，表间关联关系只用一条连线表示，但其表达的含义与表间关联关系示意图中的表间连线所表达的含义基本相同。

事实上，在 DAX 表达式中，使用 FILTER() 等函数在不同表中设置的筛选限制，在 Power Pivot 数据模型中对应的就是我们在表间关联关系示意图中的不同选择。理解并掌握表间关联关系示意图，对学习、分析和设计 DAX 表达式非常重要。

3.2 Power Pivot 多表数据模型中的计算列

在讲解 Power Pivot 单表操作时曾经提到，如果表中缺少某些必要信息，那么可以使用计算列计算得到。例如，计算每次图书销售的销售金额，按图书销售单价将产品分成不同的价格等级，提取字符串中的部分字符，将日期分解成年、月、日，等等。

在 Power Pivot 多表数据模型中，我们可能会有另一种需求，那就是表中的一些相关信息存储于数据模型中与当前表有关联关系的另一个表中，需要将另一个表中的相关内容提取到当前表中。这时，我们也可以使用计算列来完成这个任务。

在需要跨表提取信息的情况下，我们需要借助两个特别的 DAX 函数，分别是 RELATED() 函数和 RELATEDTABLE() 函数。RELATED() 函数用于到当前表的上级表（父表）中找"父亲"，RELATEDTABLE() 函数用于到当前表的下级表（子表）中找"孩子"。

3.2.1　RELATED() 函数与 RELATEDTABLE() 函数

如果在 Power Pivot 数据模型中建立了两个表之间的"一对多"关系，那么可以通过 RELATED() 函数或 RELATEDTABLE() 函数将与当前表建立关联关系的另一个表中的数据提取或聚合到当前表中。RELATED() 函数用于将数据从"一"端表中提取到"多"端表中，RELATEDTABLE() 函数用于将数据从"多"端表中提取并聚合到"一"端表中。

对于 RELATEDTABLE() 函数，我们需要注意，因为两个表之间存在"一对多"关系，所以 RELATEDTABLE() 函数可能提取出多行数据，该函数的计算结果会是一个表，这也是 RELATEDTABLE() 函数名中含有"TABLE"这个词的原因。

再次强调：只有在 Power Pivot 数据模型中建立了相应表间的关联关系后，才能使用 RELATED() 函数或 RELATEDTABLE() 函数，没有建立关联关系的两个表是无法使用这两个函数的。

RELATEDTABLE() 函数的计算结果是一个表，而表是无法在一个单元格中显示的，因此，在使用 RELATEDTABLE() 函数从"多"端表提取多行数据到"一"端表时，必须使用汇总函数将表中的多行数据汇总成一个数字或字符串。下面结合案例分别讲解这两个函数。

1. RELATED() 函数

在具有"一对多"关系的两个表中，RELATED() 函数应用于"多"端表，用于将当前行在"一"端表中对应的相关信息提取到"多"端表中。使用该函数的前提是，必须在 Power Pivot 数据模型中已经建立了两个表间的关联关系，如下图所示。

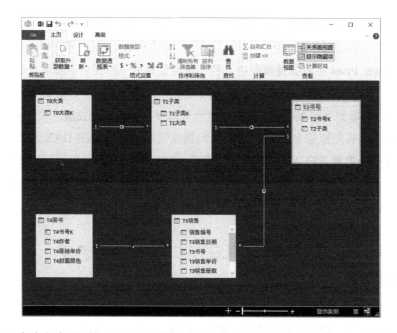

接下来介绍如何使用 RELATED() 函数。在上图中的 Power Pivot 数据模型管理界面选择"主页"→"查看"→"数据视图"命令，切换至 Power Pivot 数据模型管理界面的数据视图，然后在"T3 销售"表中添加如下两个计算列公式：

计算列 1：=RELATED('T1 子类 '[T1 子类 K])
计算列 2：=RELATED('T0 大类 '[T0 大类 K])

上述两个计算列公式的计算结果如下图所示。

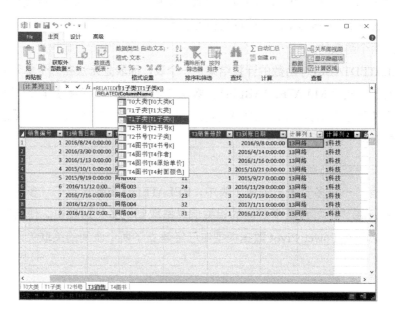

这两个计算列公式的作用分别是将"T3 销售"表中每条销售记录对应的图书子类和图书大类提取到"T3 销售"表的当前行。

RELATED() 函数的功能类似于 Excel 中的 VLOOKUP() 函数，但 RELATED() 函数的使用前提是必须在 Power Pivot 数据模型中建立两个表间的关联关系。因为 RELATED() 函数默认使用 Power Pivot 数据模型中的表间关联关系，所以 DAX 表达式中的 RELATED() 函数的参数要比 Excel 中的 VLOOKUP() 函数少。

再次强调，RELATED() 函数隐含地使用了在 Power Pivot 数据模型中建立的表间关联关系，如果数据模型被破坏，那么 RELATED() 函数也会失去作用。例如，在 Power Pivot 数据模型管理界面选择"主页"→"查看"→"关系图视图"命令，切换至 Power Pivot 数据模型管理界面的关系图视图，右击"T3 销售"表和"T2 书号"表之间的关系连线，在弹出的快捷菜单中选择"删除"命令，删除两个表间的关联关系，如下图所示。

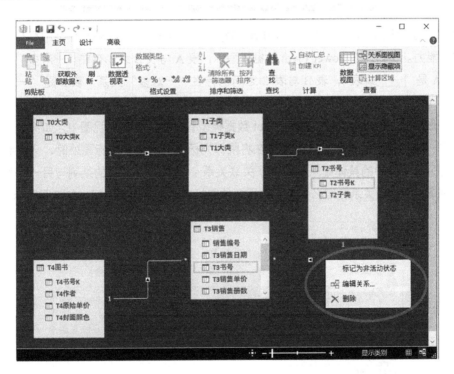

切换回数据视图，你会发现，两个含有 RELATED() 函数的计算列公式都失去了作用，如下图所示。这是因为，删除了这条关系连线就是删除了"T3 销售"表与该关系连线方向的所有上级表的关联关系。

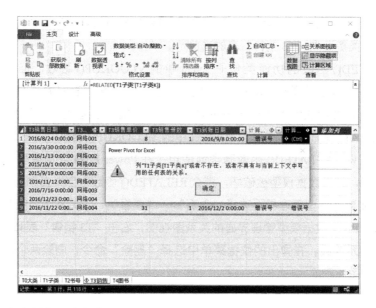

在这个案例中，我们发现：RELATED() 函数在 Power Pivot 数据模型中具有"穿透"能力。例如，在 Power Pivot 数据模型中，表 A 与表 B 之间存在"一对多"关系（表 A 是"一"端表），表 B 与表 C 之间也存在"一对多"关系（表 B 是"一"端表），就可以在表 C 中用 RELATED() 函数将表 A 中的相关数据提取到表 C 中。

最后做一点提示，在 Power Pivot 数据模型管理界面的数据视图中，如果一个表与另一个表建立了关联关系，那么在将鼠标光标移至相关列的标题处时，会看到该列与另一个表中的具体哪一列建立了关联关系；如果一个表中的某列与另一个表中的列建立了关联关系，那么该列的列标题的图标也会与其他列不同，如下图所示。

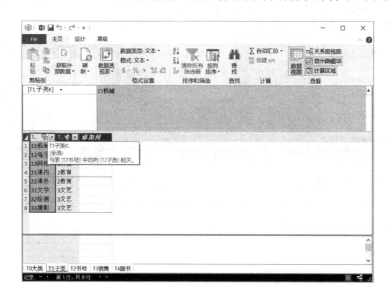

2. RELATEDTABLE() 函数

前面介绍了 RELATED() 函数，接下来介绍一个与 RELATED() 函数相对应的函数，即 RELATEDTABLE() 函数。

我们知道，如果在 Power Pivot 数据模型中建立了两个表间的"一对多"关系，就可以用 RELATED() 函数将"一"端表中的相关数据提取至"多"端表中。

反过来，在具有"一对多"关系的两个表中，要将"多"端表中的对应行提取并聚合到"一"端表中，例如，在 Power Pivot 数据模型中的"T0 大类"表中添加一列，用于显示每个图书大类包含哪些图书子类，应该怎么做呢？这时需要借助 RELATEDTABLE() 函数。

在"T0 大类"表中添加一个计算列，相应的计算列公式如下。这里要特别注意，与 RELATED() 函数不同，RELATEDTABLE() 函数的参数必须是一个表的名称，而不能是表中某列的名称。

```
=RELATEDTABLE('T1 子类 ')
```

上述计算列公式看起来似乎没有什么问题，然而令我们意外的是，在输入上述计算列公式并按下 Enter 键后，得到如下图所示的报错信息。

报错的原因是，在用 RELATEDTABLE() 函数将"多"端表中的内容提取到"一"端表时，RELATEDTABLE() 函数的计算结果是一个表，是无法在一个单元格中显示的。为了解决这个问题，我们在 RELATEDTABLE('T1 子类') 外面包裹了一个 COUNTROWS() 函数。COUNTROWS() 函数的功能是计算一个表的行数，计算结果是一个数字。修改后的计算列公式如下：

```
=COUNTROWS(RELATEDTABLE('T1 子类 '))
```

修改后的计算列公式的计算结果如下图所示。

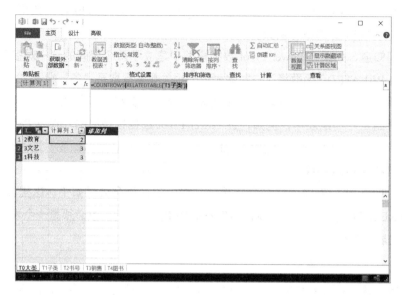

观察如下计算列公式：

```
=COUNTROWS(RELATEDTABLE('T2 书号'))
```

上述计算列公式的功能：在"T0 大类"表中，使用 RELATEDTABLE() 函数将 "T2 书号"表（"T0 大类"表的子表的子表）中的相关数据提取到当前表中，然后用 COUNTROWS() 函数进行汇总，计算出数据的行数。上述计算列公式的计算结果如下图所示。

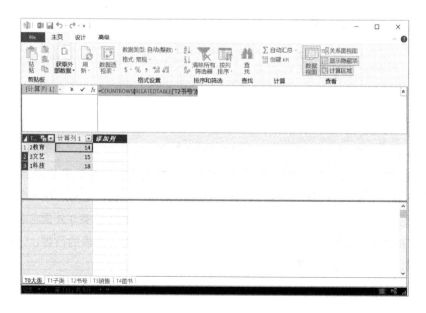

我们发现，与 RELATED() 函数一样，RELATEDTABLE() 函数在 Power Pivot 数据模型中也具有"穿透"能力，该函数也能够将子表的子表中的相关数据提取到当前表中。

3.2.2　字符串连接函数 CONCATENATEX()

在本书前面的 Power Pivot 单表操作中，我们已经介绍过 CONCATENATEX() 函数了，该函数可以将指定表中特定列中所有单元格中的内容连接成一个长字符串，以便在一个单元格中显示。CONCATENATEX() 函数的语法格式如下：

```
=CONCATENATEX ( 指定表 ，表达式 ，分割符 ，排序列 ，升序 / 降序 )
```

CONCATENATEX() 函数的第一个参数必须是一个表或计算结果为表的 DAX 表达式，第二个参数可以是第一个参数指定表中的特定列（也可以是计算列），第三个参数是连接字符串使用的分隔符，最后两个参数是按指定的排序列进行升序或降序排序。

CONCATENATEX() 函数可以在 Power Pivot 的计算列公式中使用。在"T0 大类"表中添加一个计算列，相应的计算列公式如下：

```
=CONCATENATEX(RELATEDTABLE('T1 子类 '),[T1 子类 K],",")
```

上述计算列公式的功能是计算每个图书大类下有哪些图书子类，并且将这些图书子类的名称用分隔符","连接起来。上述计算列公式的计算结果如下图所示。

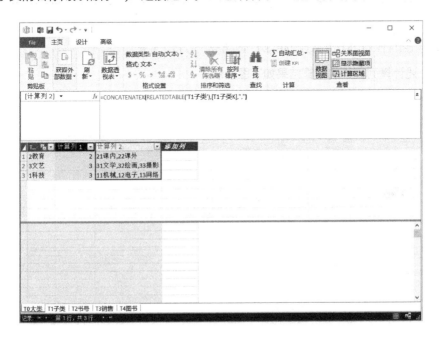

将上述计算列公式修改如下：

```
=CONCATENATEX(RELATEDTABLE('T2书号'),[T2书号K],",")
```

上述计算列公式的功能是在每个图书大类名称后面列出所有属于该图书大类的图书的书号，其计算结果如下图所示。

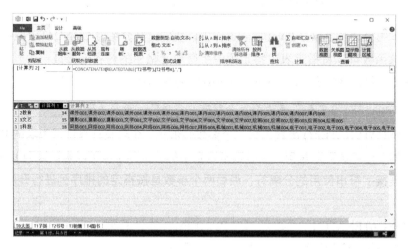

我们发现，如果几个表具有连续的"一对多"关系，与RELATED()函数和RELATEDTABLE()函数一样，CONCATENATEX()函数在Power Pivot数据模型中也具有"穿透"能力。

将上述计算列公式中的RELATEDTABLE()函数换成CALCULATETABLE()函数：

```
=CONCATENATEX(CALCULATETABLE('T2书号'),[T2书号K],",")
```

上述计算列公式的计算结果如下图所示。

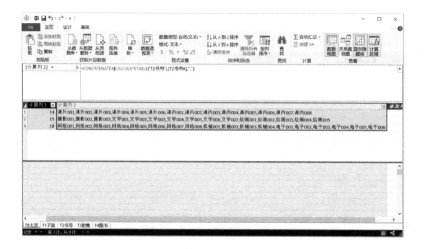

我们发现，使用 RELATEDTABLE() 函数与使用 CALCULATETABLE() 函数的计算结果相同。由此可见，在这里，RELATEDTABLE() 函数与 CALCULATETABLE() 函数可以互换使用。

3.3　Power Pivot 多表数据模型中的度量值表达式

前面讲解了在 Power Pivot 多表数据模型中添加计算列的方法。计算列一般在数据透视表筛选环境中（如数据透视表的行标题、列标题、筛选字段、切片器等）使用，而不会在数据透视表值区域中使用。下面讲解可以在数据透视表值区域中使用的 DAX 表达式，即度量值表达式。

3.3.1　计算列公式与度量值表达式在用途上的区别

我们已经了解，在 Power Pivot 数据模型管理界面中，有两个区域可以输入 DAX 表达式：第一个是在 Power Pivot 数据模型管理界面中每个表的最后一列，在这里可以用 DAX 表达式生成新的计算列公式；第二个是 Power Pivot 数据模型管理界面的 DAX 表达式编辑区，我们将在这个位置输入的 DAX 表达式称为度量值表达式。度量值表达式必须有一个自定义的名称，这个代表度量值表达式的名称一般为"某某度量值"的形式，度量值表达式通常作为 Power Pivot 的值字段放在 Power Pivot 超级数据透视表值区域中。

计算列一般在数据透视表筛选环境（行标题、列标题、筛选字段、切片器等）中使用，用于对 Power Pivot 超级数据透视表进行筛选操作；度量值表达式在数据透视表值区域中使用，用于对数据进行汇总，从而得到数据透视表筛选环境当前筛选限制下的汇总数据，如下面的度量值表达式用于计算图书的销售金额。

```
销售金额:=SUMX(
    'T3销售',
    'T3销售'[T3销售册数]*'T3销售'[T3销售单价]
)
```

上述度量值表达式的计算结果如下图所示。

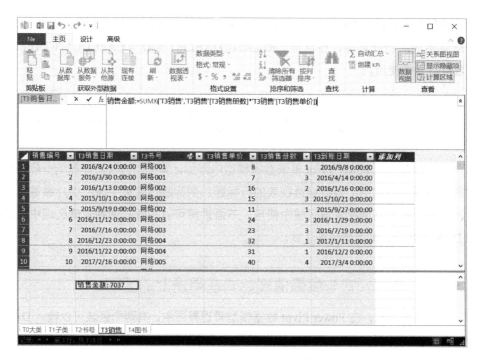

在设计好度量值表达式后，进入 Power Pivot 超级数据透视表界面，将刚刚设计的度量值表达式字段"销售金额"拖曳至 Power Pivot 超级数据透视表值区域中，计算结果如下图所示（关于 SUMX() 函数的用法，可以参阅本书前面的相关章节）。

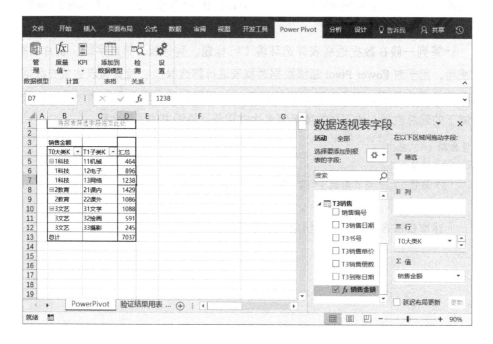

3.3.2　将 CONCATENATEX() 函数用于度量值表达式中

传统 Excel 数据透视表有一个令人难以容忍的缺陷，那就是它的值区域中的单元格中的数据只能是数字，不能是文本。如果我们想得到如下图所示的报告，即想用数据透视表汇总每个图书大类或图书子类中包含的所有图书的书号，那么使用传统 Excel 数据透视表是做不到这种效果的。

在 Power Pivot 中，使用 CONCATENATEX() 函数即可轻松做到。在 Power Pivot 数据模型管理界面的 "T3 销售" 表下方的 DAX 表达式编辑区中的单元格中输入如下度量值表达式：

```
度量值 1:=CONCATENATEX(RELATEDTABLE('T2 书号'),[T2 书号 K],",")
```

在 Power Pivot 数据模型管理界面的 DAX 表达式编辑区中的单元格中输入上述度量值表达式，如下图所示。

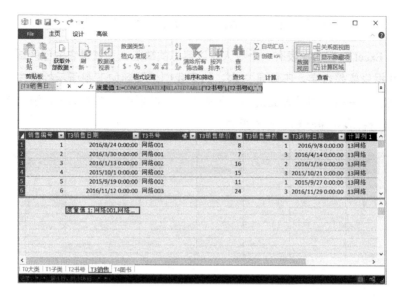

切换至 Power Pivot 超级数据透视表界面，将度量值表达式字段"度量值1"拖曳至 Power Pivot 超级数据透视表值区域中，即可得到所需 Power Pivot 超级数据透视表报告。注意，这个度量值表达式是动态的，其计算结果会随着 Power Pivot 超级数据透视表筛选环境的变化而变化。

3.4 VALUES() 函数与 DISTINCT() 函数

在 DAX 函数中，VALUES() 函数和 DISTINCT() 函数都具有去除重复值的功能。在本书中，我们将去除重复值（去重）称为压缩重复值（压重），之所以不用"去除重复值"，是因为"去除重复值"中的"去除"二字有彻底移除的含义，容易让人误以为会破坏 Power Pivot 数据模型中的表间关联关系，虽然事实上并不会。

VALUES() 函数和 DISTINCT() 函数的功能是将表中指定列中的多个重复值压缩为一个，而不会破坏 Power Pivot 数据模型中的表间关联关系。下面分别介绍这两个函数。

3.4.1 VALUES() 函数

VALUES() 函数的参数一般是表中的一列，其计算结果是一个表，这个表只有一列，并且这个表中没有重复值。也就是说，作为 VALUES() 函数参数的列中的重复值被压缩为一个，得到一个没有重复值的单列表。

下面，我们在 Power Pivot 数据模型管理界面中的"T3 销售"表下方的 DAX 表达式编辑区单元格中输入如下度量值表达式：

度量值 1:=CONCATENATEX(VALUES('T3 销售 '[T3 书号]),[T3 书号],",")

上述操作如下图所示。

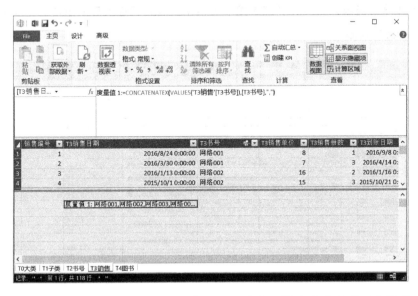

切换回 Power Pivot 超级数据透视表界面，将度量值表达式字段"度量值 1"拖曳至数据透视表值区域中，计算结果如下图所示。我们看到，尽管在"T3 销售"表中有重复销售的图书（书号），但由于我们使用了 VALUES() 函数，重复销售的图书书号被压缩重复值，因此 VALUES() 函数的计算结果中没有重复值。

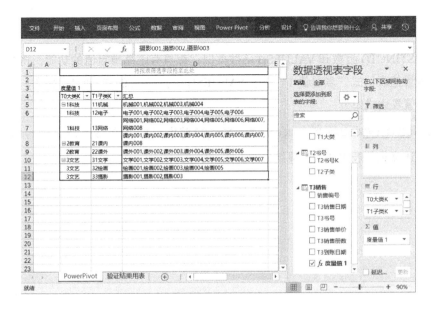

作为对比，我们可以试试下面没有压缩重复值的度量值表达式（没有使用VALUES()函数）：

`度量值 2:=CONCATENATEX('T3 销售 ',[T3 书号],",")`

上述度量值表达式的计算结果如下图所示。因为存在大量的重复值，表中数据冗余，不方便观察。

3.4.2 DISTINCT() 函数

DISTINCT() 函数和 VALUES() 函数类似，都具有压缩重复值的功能，将上一节中的度量值表达式"度量值1"中的 VALUES() 函数换成 DISTINCT() 函数，修改后的度量值表达式如下：

`DISTINCT 值 :=CONCATENATEX(DISTINCT('T3 销售 '[T3 书号]),[T3 书号],",")`

上述度量值表达式的计算结果如下图所示。

在一般情况下，使用 VALUES() 函数的计算结果与使用 DISTINCT() 函数的计算结果完全相同。VALUES() 函数和 DISTINCT() 函数都具有压缩重复值的功能，但是 VALUES() 函数在细节上比 DISTINCT() 函数更高级一些，大家可以自行查阅相关资料，这里不做深入介绍。

3.5 表间筛选、表内筛选与 ALL() 函数

本节讲解 Power Pivot 数据模型的一些理论知识，以便能够轻松地解析稍微复杂的 DAX 表达式。

我们知道，Power Pivot 数据模型通常是由多个建立了"一对多"关系的表组成的。在具有"一对多"关系的两个表中，我们将用"一"端表中的记录去筛选"多"端表中的记录的筛选关系称为表间筛选。

在 Power Pivot 数据模型中，除了表间筛选，还有一种筛选模式，我们将其称为表内筛选。表内筛选是指用表中的列去筛选表自己的筛选方式。

我们先了解一下表间筛选，观察下面的 DAX 表达式。该 DAX 表达式实现的功能是在当前数据透视表筛选环境下，计算图书子类的销售总册数。为了方便在数据透视表中观察，我们用 DAX 表达式本身作为其名称。注意 ":=" 前面的部分是 DAX 表达式的名称，":=" 后面的部分才是 DAX 表达式。

```
CALCULATE(
SUM('T3 销售 '[T3 销售册数 ]),
```

```
ALL('T1 子类 '[T1 子类 K])
) :=CALCULATE(SUM('T3 销售 '[T3 销售册数 ]),ALL('T1 子类 '[T1 子类 K]))
```

上述 DAX 表达式的主体如下：

```
=CALCULATE(
    SUM('T3 销售 '[T3 销售册数 ]),
    ALL('T1 子类 '[T1 子类 K])
)
```

用 DAX 表达式本身作为名称的目的：在将该 DAX 表达式拖曳至 Power Pivot 超级数据透视表值区域中时，值区域字段的标题是 DAX 表达式本身，可以直接在 Power Pivot 超级数据透视表值区域中看到该 DAX 表达式，使我们的学习更方便。

第二个 DAX 表达式如下，该 DAX 表达式实现的功能：在当前数据透视表筛选环境中，在没有 "T1 子类" 表的筛选限制下（取消 "T1 子类" 表中所有列的筛选限制），计算所有图书子类的销售总册数。注意，这里 ALL() 函数的参数是整个表，而不是表中的某列。

```
CALCULATE(
SUM('T3 销售 '[T3 销售册数 ]),
ALL('T1 子类 ')
) :=CALCULATE(SUM('T3 销售 '[T3 销售册数 ]),ALL('T1 子类 '))
```

下面将这两个 DAX 表达式同时拖曳至 Power Pivot 超级数据透视表值区域中，以便进行比较研究。

当数据透视表的行标题来自 "T1 子类" 表中的 "T1 子类 K" 列时，我们看到，这两个 DAX 表达式的计算结果相同。

在上面两个 DAX 表达式中，只有 ALL() 函数的参数不同。ALL('T1 子类 '[T1 子类 K]) 移除的仅仅是 "T1 子类" 表中 "T1 子类 K" 列的筛选限制，而 ALL('T1 子类 ') 移除的是 "T1 子类" 表中所有列的筛选限制。

在如下图所示的 Power Pivot 超级数据透视表中，数据透视表筛选环境中只有行标题 "T1 子类 K"，在这两个 DAX 表达式中，作为 CALCULATE() 函数的第二个参数，无论是 ALL('T1 子类 '[T1 子类 K])，还是 ALL('T1 子类 ')，都表示在数据透视表筛选环境中将筛选条件 "T1 子类" 移除，因此这两个 DAX 表达式的计算结果是相同的。

接下来，将"T0 大类"表中的"T0 大类 K"字段也拖曳至数据透视表行标题中，即可在数据透视表行标题筛选字段中增加对"T0 大类"表中的"T0 大类 K"字段的筛选限制，但因为 ALL() 函数的参数不同，所以两个 DAX 表达式的计算结果也不同，如下图所示。

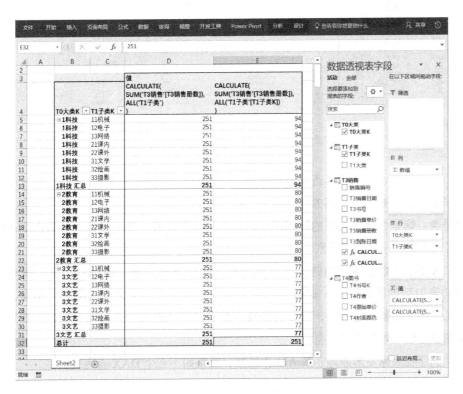

对于上图中的第一个 DAX 表达式字段，我们用 ALL('T1 子类') 移除的是"T1子类"表中所有列的筛选限制，包括"T0 大类"表对其下级表"T1 子类"表的交叉筛选限制。这相当于在 Power Pivot 数据模型中删除了两个表间的关联关系，因此在每个图书子类下均得到所有图书的销售总册数 251。

对于上图中的第二个 DAX 表达式字段，ALL('T1 子类'[T1 子类 K]) 移除的仅仅是"T1 子类"表中"T1 子类 K"字段的筛选限制，其上级表"T0 大类"表对"T1子类"表中其他列的交叉筛选限制仍然存在，因此，虽然各图书大类下所有图书子类的计算结果相同，但各图书大类下的数值并不相同。

接着将"T1 子类"表中的"T1 大类"字段（注意不是"T0 大类"表中的"T0大类 K"字段）拖曳至数据透视表行标题中，与前面不同的是，数据透视表行标题中的两个字段都来自"T1 子类"表，此时两个 DAX 表达式的计算结果如下图所示。

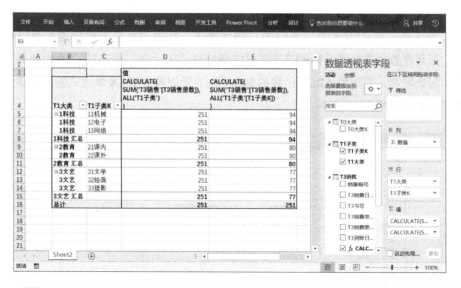

我们看到，虽然数据透视表值区域中的数值与上图相同，但数据透视表布局发生了变化，在数据透视表的行标题中，每个图书大类下只显示属于该图书大类的图书子类。这是数据透视表的行标题字段来自两个不同表（表间筛选）与来自同一个表（表内筛选）的最大区别。

ALL() 函数是最常用的筛选移除函数，当其参数是表中的列时，它只能移除当前表中列的筛选限制，却不能移除上级表对当前表的交叉筛选限制。但是，当 ALL() 函数的参数是表时，它能够移除上级表对当前表的交叉筛选限制，也就是完全解除上级表对当前表的控制。

为了让大家更清晰地了解 ALL() 函数，观察如下三个 DAX 表达式：

```
=CALCULATE(COUNTROWS('T3 销售'),ALL('T3 销售'))
=CALCULATE(COUNTROWS('T3 销售'),ALL('T3 销售'),'T0 大类'[T0 大类 K]="1 科技")
=CALCULATE(COUNTROWS(ALL('T3 销售')),'T0 大类'[T0 大类 K]="1 科技")
```

这三个 DAX 表达式都使用了 COUNTROWS() 函数，计算的是"T3 销售"表中满足特定条件的数据的行数（销售事件发生的次数）。将这三个 DAX 表达式拖曳至 Power Pivot 超级数据透视表值区域中，计算结果如下图所示。

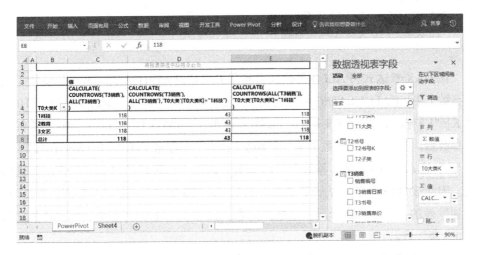

对于第一个 DAX 表达式：

```
=CALCULATE(
    COUNTROWS('T3 销售'),
    ALL('T3 销售')
)
```

我们知道，CALCULATE() 函数先执行筛选器参数，即第二个参数 ALL('T3 销售')。注意，这里 ALL() 函数的参数是"T3 销售"表，因此 ALL() 函数移除了该表中所有列的筛选限制，其效果相当于切断了该表与其上级表的关联关系。因此该 DAX 表达式的计算结果是 118，即"T3 销售"表中的总行数。

对于第二个 DAX 表达式：

```
=CALCULATE(
    COUNTROWS('T3 销售'),
    ALL('T3 销售'),
    'T0 大类'[T0 大类 K]="1 科技"
)
```

该 DAX 表达式与第一个 DAX 表达式的区别是，该 DAX 表达式在 CALCULATE() 函数的筛选器参数部分增加了一个新的筛选器参数 'T0 大类'[T0 大类 K]="1 科技"。

当 CALCULATE() 函数有多个筛选器参数时，最终的筛选效果是各个筛选器参数共同作用的结果。也就是说，在 Power Pivot 数据模型中，只有同时满足所有筛选器参数条件的数据才能保留下来，即只有 'T0 大类 '[T0 大类 K]="1 科技 " 的图书销售数据被保留了下来，共 43 行。因此该 DAX 表达式的计算结果为 43。

对于第三个 DAX 表达式：

```
=CALCULATE(
    COUNTROWS(ALL('T3 销售 ')),
    'T0 大类 '[T0 大类 K]="1 科技 "
)
```

该 DAX 表达式将 ALL() 函数嵌套到了 CALCULATE() 函数的第一个参数（汇总参数）中。CALCULATE() 函数先执行筛选器参数，即第二个参数 'T0 大类 '[T0 大类 K]="1 科技 "，这时应该有 43 行数据；但是，在 CALCULATE() 函数执行完筛选器参数后，在执行汇总参数（第一个参数）时，汇总参数 COUNTROWS(ALL('T3 销售 ')) 中的 ALL('T3 销售 ') 移除了 "T3 销售" 表的上级表对 "T3 销售" 表的筛选限制。因此该 DAX 表达式的计算结果为 118，即 "T3 销售" 表的总行数。这里，"T3 销售" 表的上级表有两个，一个是其父表 "T1 子类" 表，另一个是其父表的父表 "T0 大类" 表。

将 "T1 子类" 表中的 "T1 子类 K" 字段拖曳至 Power Pivot 超级数据透视表的行标题中，这时三个 DAX 表达式的计算结果如下图所示。你会发现，关于上述三个 DAX 表达式的解析仍然适用。

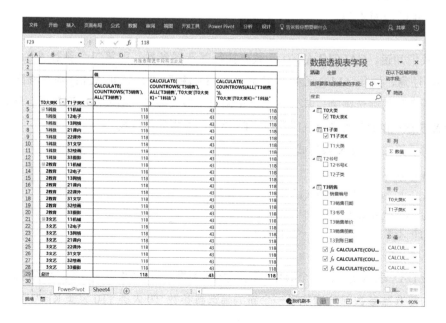

3.6 CALCULATE() 函数与 CALCULATETABLE() 函数

我们已经学过 Power Pivot 中最重要的函数 CALCULATE(),该函数能够对数据透视表筛选环境进行修改,并且在修改后的数据透视表筛选环境下对其对应的数据源子集进行各种自定义汇总计算。

这里需要注意的是,CALCULATE() 函数计算得到(专业术语称为返回)的最终结果只能是数字或文本。

CALCULATE() 函数还有一个"哥们儿",称为 CALCULATETABLE() 函数,它的使用方法和 CALCULATE() 函数类似,只是它的计算结果不是数字或文本,而是一个表。

前面我们已经介绍过 CALCULATETABLE() 函数了,但主要介绍的是 CALCULATETABLE() 函数在 Power Pivot 单表数据模型中的应用,针对 Power Pivot 多表数据模型,我们有必要再次介绍一下这个函数。

CALCULATETABLE() 函数的语法格式如下:

```
=CALCULATETABLE(计算结果为表的汇总参数,筛选器参数)
```

CALCULATETABLE() 函数的汇总参数必须是一个计算结果为表的 DAX 表达式,第二个参数和 CALCULATE() 函数相同。

虽然 CALCULATETABLE() 函数的名字长,但是它比 CALCULATE() 函数的用法简单,因为在使用 CALCULATE() 函数时,要将筛选器参数筛选得到的表汇总成一个数字或文本,而 CALCULATETABLE() 函数省略了这一步,直接将筛选器参数筛选得到的表作为计算结果显示出来。

因为 CALCULATETABLE() 函数的计算结果是一个表,所以有一些额外注意事项。因为 Power Pivot 超级数据透视表值区域中只能显示数值,不能显示表,所以要使 CALCULATETABLE() 函数的计算结果显示在 Power Pivot 超级数据透视表中,需要将一个汇总函数(如 COUNTROWS() 函数、CONCATENATEX() 函数)包裹在 CALCULATETABLE() 函数的外面。

观察下面的 DAX 表达式:

```
度量值 1:=CONCATENATEX(
    CALCULATETABLE('T1子类','T0大类'[T0大类K]="2教育"),
    'T1子类'[T1子类K],
    ","
)
```

我们曾经说过,在 CALCULATE() 函数中,可以将如下筛选器参数:

```
FILTER(ALL([字段名]),[字段名]="XXXX"),
```

简写成如下格式：

```
[字段名]="XXXX"
```

反之亦然。因此，可以将 DAX 表达式"度量值 1"改写成如下格式：

```
度量值 2:=CONCATENATEX(
    CALCULATETABLE(
        'T1 子类',
        FILTER(ALL('T0 大类'[T0 大类 K]),'T0 大类'[T0 大类 K]="2 教育")
    ),
    'T1 子类'[T1 子类 K],
    ","
)
```

在 DAX 表达式"度量值 2"中，我们在 CALCULATETABLE() 函数外面包裹了一个 CONCATENATEX() 函数，用于将 CALCULATETABLE() 函数计算所得的表（"T1 子类"表）中的特定列（"T1 子类 K"列）中的所有内容连接成一个长文本，从而使其显示在 Power Pivot 超级数据透视表值区域中。

DAX 表达式"度量值 1"和 DAX 表达式"度量值 2"的计算结果如下图所示。

在 Power Pivot 数据模型中，图书大类和图书子类分别属于两个不同的表，由于在 Power Pivot 数据模型中建立了两个表间正确的关联关系，因此得到了正确的结果。

观察 DAX 表达式"度量值 2"，该 DAX 表达式的核心是其中的 CALCULATETABLE() 函数部分，如下所示。

```
CALCULATETABLE(
    'T1 子类 ',
    FILTER(ALL('T0 大类 '[T0 大类 K]),'T0 大类 '[T0 大类 K]="2 教育 ")
)
```

与 CALCULATE() 函数类似，CALCULATETABLE() 函数也是先执行如下筛选器参数：

```
FILTER(ALL('T0 大类 '[T0 大类 K]),'T0 大类 '[T0 大类 K]="2 教育 ")
```

在 FILTER() 函数的第一个参数中，我们用 ALL() 函数移除"T0 大类"表中"T0 大类 K"字段上可能存在的筛选限制，然后对该字段重新设置筛选限制 'T0 大类 '[T0 大类 K]="2 教育 "。这类似于电子产品的"先复位再重新设置"。

由于在 Power Pivot 数据模型中建立了"T0 大类"表与"T1 子类"表之间的"一对多"关系，因此对"T0 大类"表的筛选限制必然相应地传递到"T1 子类"表，从而得到满足筛选条件的图书子类。最后，将满足筛选条件的图书子类用 CONCATENATEX() 函数连接起来，即可得到最终结果。

参照前面介绍过的 Power Pivot 数据模型示意图，你会更加清楚上面的 DAX 表达式的含义。通过对上级表的筛选，"牵"出一连串满足上级表筛选条件的下级表中的内容。

3.7 逐行处理函数——SUMX() 函数与 RANKX() 函数

前面介绍过，FILTER() 函数、SUMX() 函数、CONCATENATEX() 函数都是逐行处理函数。逐行处理函数的共同特征是它们的第一个参数都是一个表或计算结果为表的 DAX 表达式。逐行处理函数的功能是对第一个参数所指定的表进行逐行处理，然后，将每行的计算结果汇总成一个数值或文本。因此，这类函数也可以称为逐行处理汇总函数。

3.7.1 SUMX() 函数的进一步研究

本节对 DAX 中最常用的逐行处理函数 SUMX() 进行进一步研究，主要研究 SUMX() 函数在 Power Pivot 多表数据模型中的应用。

SUMX() 函数的语法格式如下：

```
=SUMX( 指定的表 , 针对该表每行进行运算的 DAX 表达式 )
```

SUMX() 函数的内部运算逻辑如下：

SUMX() 函数对其第一个参数所指定的表逐行执行由第二个参数定义的运算，从而得到针对指定表中每行的中间计算结果，然后将这些中间计算结果汇总成一个数值作为最终计算结果。

我们先举一个简单的例子。下面的 DAX 表达式用于计算图书销售总金额（销售价格×销售册数）。这里再次强调，逐行处理函数的第一个参数必须是一个表或计算结果为表的 DAX 表达式。

```
度量值 1:=SUMX(
    'T3 销售 ',
    'T3 销售 '[T3 销售册数 ]*'T3 销售 '[T3 销售单价 ]
)
```

将上述 DAX 表达式输入 Power Pivot 数据模型管理界面下方的 DAX 表达式编辑区中的单元格中，如下图所示。

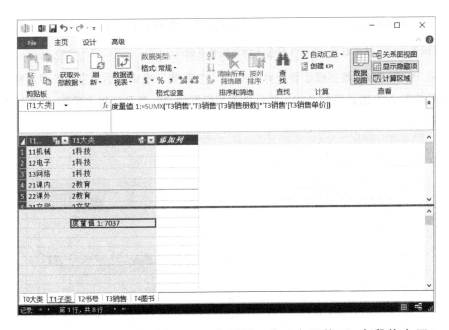

切换回 Power Pivot 超级数据透视表界面，将"度量值1"字段拖曳至 Power Pivot 超级数据透视表值区域中，计算结果如下图所示。

与 SUM() 函数相比，虽然 SUMX() 函数的参数更加复杂，但 SUMX() 函数具有更加灵活的计算能力。在 SUMX() 函数中，我们可以先对指定表进行逐行计算，再将每行的计算结果进行汇总，无须在表中添加新的计算列。一个函数在内部逻辑上完成两个计算步骤（先逐行计算再汇总），这在 Excel 工作表函数中是不常见的。

计算图书销售总金额，还可以用计算列的方式实现，相应的计算列公式如下：

=′T3销售′[T3销售册数]*′T3销售′[T3销售单价]

在 Power Pivot 数据模型管理界面中的"T3销售"表中最后的空白列中任意一个单元格中输入上述计算列公式，并且修改列标题为"计算列销售金额"，计算结果如下图所示。

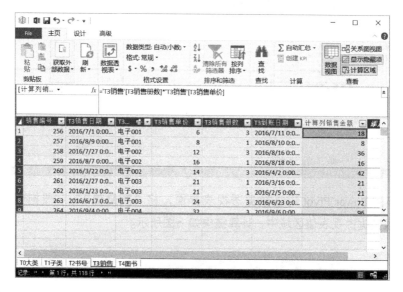

将"计算列销售金额"字段拖曳至 Power Pivot 超级数据透视表值区域中，其计算结果如下图所示。我们发现，使用计算列公式"计算列销售金额"的计算结果与使用 DAX 表达式"度量值1"的计算结果相同。

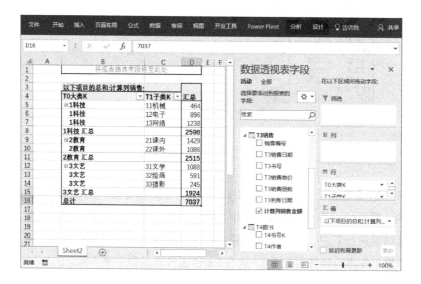

虽然使用计算列的方法计算图书销售总金额与使用 SUMX() 函数的方法的计算结果相同，但是多了一个添加计算列的操作步骤，并且 Power Pivot 产品开发者也不提倡将计算列字段拖曳至 Power Pivot 超级数据透视表值区域中，因为当数据量非常大时，这样做会严重降低 Power Pivot 的运算速度。

SUMX() 函数还有一个优点：如果将 SUMX() 函数应用于 Power Pivot 多表数据模型中，那么其"逐行处理再汇总"的能力能根据 Power Pivot 数据模型中表间的"一对多"关系传递给下级表。让我们结合下面两个 DAX 表达式来理解。

```
度量值 NOCAL:=SUMX(
    'T0 大类 ',
    SUMX('T3 销售 ','T3 销售 '[T3 销售册数 ]*'T3 销售 '[T3 销售单价 ])
)
```

```
度量值 CAL:=SUMX(
    'T0 大类 ',
    CALCULATE(SUMX('T3 销售 ','T3 销售 '[T3 销售册数 ]*'T3 销售 '[T3 销售单价 ]))
)
```

上述两个 DAX 表达式的计算结果如下图所示。

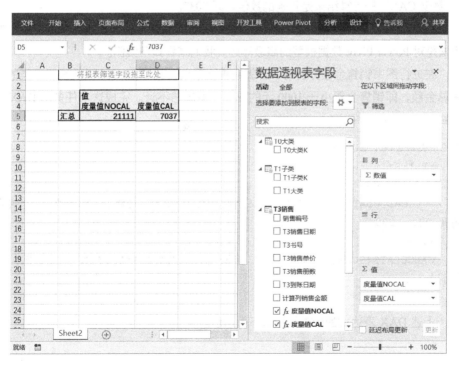

上述两个 DAX 表达式的区别是，第二个 DAX 表达式内部的 SUMX() 函数外面

包裹了一个CALCULATE()函数，这个CALCULATE()函数的作用如下：

当CALCULATE()函数作为逐行处理函数的第二个参数时，它能够识别逐行处理函数第一个参数指定表的当前行，并且沿着Power Pivot数据模型中的表间关联关系，对具有"一对多"关系的"多"端表进行筛选（这里的"一对多"关系可以是直接"一对多"关系，也可以是间接"一对多"关系）。

对于DAX表达式"度量值NOCAL"，虽然外部的SUMX()函数试图逐行处理"T0大类"表中的每个图书大类，但由于内部嵌套的SUMX()函数外面没有包裹CALCULATE()函数，因此无法识别"T0大类"表中当前正在处理哪一行。结果就是，对于外部的SUMX()函数的指定"T0大类"表中的每行，由于没有CALCULATE()函数的帮助，内部嵌套的SUMX()函数处理的是整个表，因此在当前Power Pivot超级数据透视表布局下，"T0大类"表中有三行数据（三个图书大类），其计算结果是图书销售总金额的3倍，即21111（7037×3）。

对于DAX表达式"度量值CAL"，在内部嵌套的SUMX()函数外面包裹了一个CALCULATE()函数，由于CALCULATE()函数能够使包裹在其中的SUMX()函数识别外部SUMX()函数指定表的当前行，借助Power Pivot数据模型中两个表间的"一对多"关系，"一"端表的当前行能够对"多"端表进行筛选，因此DAX表达式"度量值CAL"的计算结果是正确的数值，即7037。

前面介绍的是逐行处理函数SUMX()的基本用法。其实，SUMX()函数的主要用法是对Power Pivot数据模型的高级筛选。我们来看如下案例。

在进行图书销售金额分析时，计算销售金额大于或等于1000元的图书子类的销售总金额，即销售金额小于1000元的图书子类忽略不计。完成这个任务的DAX表达式如下：

```
特定子类销售额:=SUMX(
    FILTER(
        'T1子类',
        CALCULATE(SUMX('T3销售','T3销售'[T3销售册数]*'T3销售'[T3销售
单价]))>=1000
    ),
    CALCULATE(SUMX('T3销售','T3销售'[T3销售册数]*'T3销售'[T3销售单
价]))
)
```

上述DAX表达式的计算结果如下图所示。

在讲解这个 DAX 表达式的设计思路之前，首先验证其计算结果是否正确。将前面在 Power Pivot 数据模型中设计的"计算列销售金额"字段拖曳至 Power Pivot 超级数据透视表值区域中，在默认设置下，Power Pivot 超级数据透视表会对"计算列销售金额"求和，如下图所示。

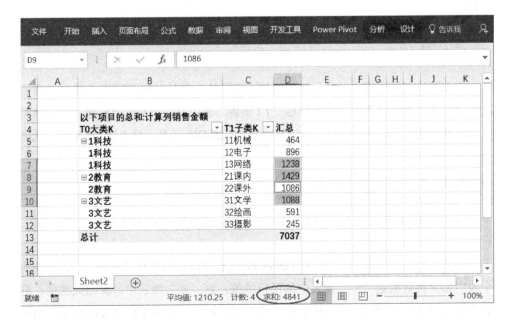

在 Power Pivot 超级数据透视表中，选中所有销售金额大于或等于 1000 元的单元格，在工作表状态栏看到总和是 4841，这个结果与 DAX 表达式 "特定子类销售额" 的计算结果相同，说明 DAX 表达式 "特定子类销售额" 的计算结果正确。下面解析 DAX 表达式 "特定子类销售额" 的设计思路。为了方便讲解，再次展示 DAX 表达式 "特定子类销售额"，如下所示。

```
特定子类销售额 :=SUMX(
    FILTER('T1 子类 ',
        CALCULATE(
            SUMX('T3 销售 ','T3 销售 '[T3 销售册数 ]*'T3 销售 '[T3 销售单价 ]))>=1000
    ),
    CALCULATE(SUMX('T3 销售 ','T3 销售 '[T3 销售册数 ]*'T3 销售 '[T3 销售单价 ]))
)
```

DAX 表达式 "特定子类销售额" 的设计思路如下：对 "T1 子类" 表进行筛选，将满足筛选条件的图书子类筛选出来，然后对满足筛选条件的图书子类做进一步处理。

那么问题来了，怎么才能将满足筛选条件的图书子类筛选出来呢？当然是对 "T1 子类" 表进行逐行筛选。提到 "筛选" 和 "逐行" 这两个词，我们会很自然地想到既有逐行处理功能又有逐行筛选功能的 FILTER() 函数。因此，完成这个任务的 DAX 表达式的格式如下：

```
=FILTER(
    'T1 子类 ',
    逐行筛选条件
)
```

因为要计算每个图书子类的销售金额，而销售金额是 "T3 销售" 表中的销售册数和销售单价相乘得来的，因此要在 "T3 销售" 表中逐行计算图书销售金额，这需要用到既有逐行处理功能又有逐行计算功能的 SUMX() 函数。将上述 DAX 表达式进一步细化如下：

```
=FILTER(
    'T1 子类 ',
    SUMX('T3 销售 ','T3 销售 '[T3 销售册数 ]*'T3 销售 '[T3 销售单价 ])>=1000
)
```

根据我们以前学过的知识，在 Power Pivot 数据模型中具有 "一对多" 关系的两个表中如果需要根据 "一" 端表中的每行的值，到 "多" 端表中计算相关的值，则必须在与 "多" 端表相关的 DAX 表达式外面包裹一个 CALCULATE() 函数。对于

"T1 子类"表中的每个图书子类，我们需要到"T3 销售"表中计算该图书子类对应的销售金额。我们知道，在 Power Pivot 数据模型中，"T1 子类"表与"T3 销售"表之间存在"一对多"关系，并且"T1 子类"表是"一"端表，"T3 销售"表是"多"端表。因此需要在上述 DAX 表达式的第二个参数外面包裹一个 CALCULATE() 函数，改写后的 DAX 表达式如下：

```
=FILTER(
    'T1 子类',
    CALCULATE(SUMX('T3 销售','T3 销售'[T3 销售册数]*'T3 销售'[T3 销售单
价]))>=1000
)
```

这样就完成的对"T1 子类"表的逐行筛选，并且保留了销售金额大于或等于1000 元的图书子类。在得到这些满足筛选条件的图书子类后，即可到"T3 销售"表中进行销售金额的汇总计算了。此时需要再次使用 SUMX() 函数，但此时最外层的 SUMX() 函数的第一个参数是满足筛选条件的图书子类。对每个满足筛选条件的图书子类，再次借助 CALCULATE() 函数到"T3 销售"表中计算销售金额并汇总，即可得到我们需要的最终计算结果。完整的 DAX 表达式如下：

```
特定子类销售额:=SUMX(
    FILTER('T1 子类',
        CALCULATE(
        SUMX('T3 销售','T3 销售'[T3 销售册数]*'T3 销售'[T3 销售单价]))>=1000
    ),
    CALCULATE(SUMX('T3 销售','T3 销售'[T3 销售册数]*'T3 销售'[T3 销售单价]))
)
```

3.7.2　SUMX() 函数与 RELATEDTABLE() 函数

前面已经讲解过 RELATEDTABLE() 函数了，RELATEDTABLE() 函数的功能如下：在 Power Pivot 数据模型中，如果两个表具有"一对多"关系，它能够在"一"端表中，将"多"端表中的相关数据提取到"一"端表中。有时 RELATEDTABLE() 函数会与 SUMX() 函数配合使用。观察下面两个计算图书销售总金额的 DAX 表达式，这两个 DAX 表达式的计算结果相同。

```
度量值 CALCULATE:=SUMX(
    'T0 大类',
    CALCULATE(SUMX('T3 销售','T3 销售'[T3 销售册数]*'T3 销售'[T3 销售单价]))
)
```

```
度量值RELATEDTABLE:=SUMX(
    'T0 大类 ',
    SUMX(RELATEDTABLE('T3 销售 '),'T3 销售 '[T3 销售册数 ]*'T3 销售 '[T3 销售单价 ])
)
```

细心的读者会发现，在使用 RELATEDTABLE() 函数时，即使不在内部嵌套的 SUMX() 函数外边包裹 CALCULATE() 函数，也能达到 Power Pivot 数据模型表间关联关系的"穿透"效果。RELATEDTABLE() 函数的这个特性是需要我们了解的。

下面解析 DAX 表达式"度量值 RELATEDTABLE"的计算过程。为了解析方便，我们将该 DAX 表达式重新排版，并且标上行号，如下所示。

```
1.度量值RELATEDTABLE:
2.=SUMX(
    a.'T0 大类 ',
    b.SUMX(
    c.RELATEDTABLE('T3 销售 '),
    d.'T3 销售 '[T3 销售册数 ]*'T3 销售 '[T3 销售单价 ]
    e.)
3.)
```

我们先看第 2 行的第一个 SUMX() 函数，该函数会对"T0 大类"表进行逐行处理，处理方式是对"T0 大类"表中的每行进行第二个 SUMX() 函数定义的运算，即第 b ～ e 行定义的 SUMX() 运算。例如，如果当前正在处理的是"T0 大类"表中的第一行，即"1 科技"图书大类，那么第二个 SUMX() 函数会针对该图书大类到"T3 销售"表中进行指定的运算。第二个 SUMX() 函数在处理"1 科技"图书大类时，由于第一个参数是 RELATEDTABLE('T3 销售 ')，根据 Power Pivot 数据模型中的表间关联关系，RELATEDTABLE() 函数会将"T3 销售"表中与"1 科技"图书大类相关的行都提取出来，然后 SUMX() 函数会对这些行逐行进行 'T3 销售 '[T3 销售册数]*'T3 销售 '[T3 销售单价]，从而计算销售金额并汇总。重复上述过程，直至将"T0 大类"表中的所有图书大类处理完毕，最后，用该 DAX 表达式中的第一个 SUMX() 函数将每个图书大类的销售金额进行汇总，从而得到正确的计算结果。

3.7.3　以 X 结尾的逐行处理函数的特点

到目前为止，我们已经接触了三个逐行处理函数，分别是 FILTER() 函数、SUMX() 函数和 CONCATENATEX() 函数。其实，在 DAX 函数中，具有逐行处理能力的函数有很多。大部分逐行处理函数的名称以 X 结尾，并且第一个参数是一个表。

逐行处理函数的第一个参数都是一个表，这是因为表是逐行处理函数进行逐行处理的基础。没有表，何来行？没有行，何来逐行处理？

本节我们重点回顾那些名称以 X 结尾的函数，简称 X 函数。之所以将这些函数称为逐行处理函数，是因为它们能够对其第一个参数指定的表进行逐行处理。X 函数的逐行处理功能使我们可以更容易地实现一些复杂的数据分析需求。

这里，我们结合 SUMX() 函数来深入理解 X 函数。在深入介绍 SUMX() 函数之前，我们先来介绍 DAX 函数中与 SUMX() 函数长得有点像，但是不带 X 的 SUM() 函数。

SUM() 函数的功能是对表中的一列数据进行累加计算，其语法格式如下：

```
=SUM（要进行累加的列）
```

这时也许你会问：既然 DAX 已经给我们提供了 SUM() 函数，为什么还要提供 SUMX() 函数呢？原因如下：

SUM() 函数只有一个参数，功能受限，只能对表中的一列数字做最简单的累加计算。而 SUMX() 函数能够接收两个参数，使之能够在数字累加之前，对表中的每行数据进行自定义的"预处理"。也就是说，SUMX() 函数能够识别第一个参数指定的表中的每行数据，并且对表中的每行数据进行自定义计算，从而得到多个中间计算结果，最后将这些中间计算结果累加得到最终结果。

SUMX() 函数的逐行处理功能，一种是对当前表进行逐行处理；另一种是通过将第二个参数写成 CALCULATE(SUMX()) 格式，实现"依次对照当前表中的行，对另一个表中的相关行进行处理"。对于第二种情况，前面介绍的 DAX 表达式所实现的功能如下所示。

```
度量值 CALCULATE:=SUMX(
    'T0 大类',
    CALCULATE(SUMX('T3 销售','T3 销售'[T3 销售册数]*'T3 销售'[T3 销售单价]))
)
```

在 DAX 中，逐行处理函数非常重要，必须反复学习，直至完全理解。为了加深对逐行处理函数 SUMX() 相关知识的理解，我们再看两个案例。

第一个案例要实现的功能是计算所有图书的销售总金额，SUMX() 函数可以对它的第一个参数指定的表进行逐行处理再汇总。这个很简单，因为逐行处理和汇总发生在同一个表中，所以不需要在 SUMX() 函数的第二个参数外面包裹 CALCULATE() 函数。实现该案例功能的 DAX 表达式如下：

```
度量值 1:=SUMX(
    'T3 销售 ',
    'T3 销售 '[T3 销售册数 ]*'T3 销售 '[T3 销售单价 ]
)
```

在 Power Pivot 数据模型管理界面下方的 DAX 表达式编辑区中的单元格中输入上述 DAX 表达式，计算结果如下图所示。

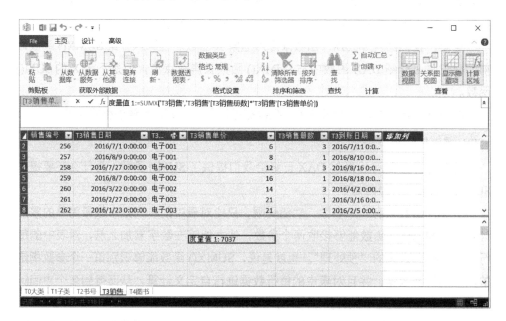

第二个案例实现的功能是计算销售金额大于或等于 1000 元的图书子类的销售总金额，可以用 FILTER() 函数结合 CALCULATE() 函数实现。其实，这个 DAX 表达式是前面讲过的 DAX 表达式"特定子类销售额"的另外一种写法：

```
特定子类销售额 2:=CALCULATE(
    SUMX('T3 销售 ','T3 销售 '[T3 销售册数 ]*'T3 销售 '[T3 销售单价 ]),
    FILTER(
    'T1 子类',
    CALCULATE(SUMX('T3 销售 ','T3 销售 '[T3 销售册数 ]*'T3 销售 '[T3 销售单价 ]))>=1000
    )
)
```

在 Power Pivot 数据模型管理界面下方的 DAX 表达式编辑区中的单元格中输入上述 DAX 表达式，计算结果如下图所示。

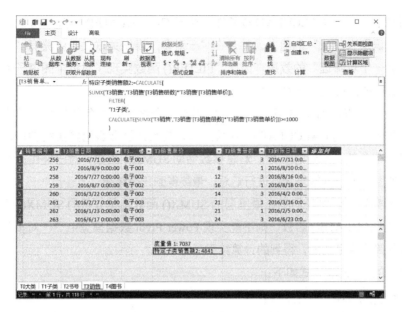

DAX 表达式"特定子类销售额 2"的设计思路的起点是 CALCULATE() 函数。我们知道，CALCULATE() 函数有两个参数，分别是汇总参数和筛选器参数，并且 CALCULATE() 函数的内部运算逻辑是"先筛选，后汇总"。因此，我们可以在筛选器参数中使用 FILTER() 函数先将满足筛选条件的图书子类筛选出来，然后对满足筛选条件的图书子类进行汇总。

下面详细解析 DAX 表达式"特定子类销售额 2"。为了解析方便，我们将该 DAX 表达式标上行号，如下所示。

```
1.特定子类销售额 2:=CALCULATE(
  a.SUMX('T3 销售 ','T3 销售 '[T3 销售册数 ]*'T3 销售 '[T3 销售单价 ]),
  b.FILTER(
  c.'T1 子类 ',
  d.CALCULATE(SUMX('T3 销售 ','T3 销售 '[T3 销售册数 ]*'T3 销售 '[T3 销售单
价 ]))>=1000
  e.)
2.)
```

在 DAX 表达式"特定子类销售额 2"中，主函数是最外层的 CALCULATE() 函数。由于 CALCULATE() 函数的一个重要特点是先执行它的第二个参数（筛选器参数），因此先执行第 b ～ e 行的 FILTER() 函数。

尽管函数名称不以 X 结尾，但 FILTER() 函数也是一个逐行处理函数。在本案例中，FILTER() 函数会根据其第二个参数规定的筛选条件，对其第一个参数指定的"T1 子类"表中的每个图书子类进行逐行处理。注意，我们在 FILTER() 函数的第二个参

数外面包裹了一个CALCULATE()函数。由于CALCULATE()函数具有在逐行处理环境中"识别当前行"的能力，并且在"一对多"表间关联关系中具有"用当前行激活对另一个表筛选"的效果，因此，FILTER()函数实现了对每个图书子类到"T3销售"表中进行特定筛选的功能。

在经过FILTER()函数筛选后，我们得到一个满足筛选条件的图书子类表。此时，对于最外层的CALCULATE()函数来说，其筛选器参数已经执行完毕，接下来执行第一个参数，即汇总参数。汇总参数借助SUMX()函数，对已经由筛选器参数筛选出的图书子类的销售金额进行汇总，最终得到正确结果。

作为实验，如果我们不在最里层的SUMX()函数（第d行的SUMX()函数）外面包裹CALCULATE()函数，则不能实现Power Pivot数据模型中"一对多"表间关联关系的筛选传递功能，得到的计算结果是错误的。

错误的DAX表达式如下：

```
特定子类销售额2:=CALCULATE(
    SUMX('T3销售','T3销售'[T3销售册数]*'T3销售'[T3销售单价]),
    FILTER(
    'T1子类',
    SUMX('T3销售','T3销售'[T3销售册数]*'T3销售'[T3销售单价])>=1000
    )
)
```

在Power Pivot数据模型管理界面下方的DAX表达式编辑区中的单元格中输入上述错误的DAX表达式，计算结果如下图所示。

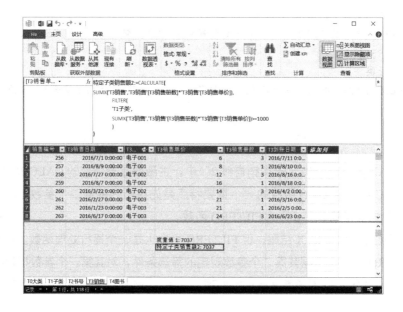

正确的计算结果应该是 4841 元，而错误的 DAX 表达式的计算结果是 7037 元。因为如果没有 CALCULATE() 函数，就无法激活 Power Pivot 数据模型中"一对多"表间关联关系的筛选传递。因此，对于每个图书子类，最里层的 SUMX() 函数计算的是整个"T3 销售"表的销售总金额，结果必然都大于 1000 元，导致每个图书子类都被保留下来了。

作为对比，我们将前面实现同样功能但写法不同的 DAX 表达式"特定子类销售额"也写到这里，供大家对比研究。如果有不明白的地方，则可以返回前面相关章节查看该 DAX 表达式的解析。

```
特定子类销售额:=SUMX(
    FILTER('T1 子类',
        CALCULATE(
        SUMX('T3 销售','T3 销售'[T3 销售册数]*'T3 销售'[T3 销售单价]))>=1000
    ),
    CALCULATE(SUMX('T3 销售','T3 销售'[T3 销售册数]*'T3 销售'[T3 销售单价]))
)
```

本节我们以 SUMX() 函数为例，深入讲解了 X 函数的用法。其他 X 函数的用法与 SUMX() 函数的用法大同小异。

在 DAX 函数中，以 X 结尾的逐行处理函数还有很多。下面列举一些以 X 结尾的逐行处理函数，这些函数通过名称就能猜出其大致功能。

- AVERAGEX() 函数。
- COUNTX() 函数。
- COUNTAX() 函数。
- MINX() 函数。
- MAXX() 函数。
- SUMX() 函数。
- RANKX() 函数。
- CONCATENATEX() 函数。

逐行处理函数的共同特点：第一个参数是表，第二个参数是对表进行逐行计算的 DAX 表达式，最后将逐行处理的结果汇总成一个数值或字符串。

在 DAX 中，有一些函数虽然不是以 X 结尾，但是它们却同样具有逐行处理功能，如 FILTER() 函数，这些函数的用法将在本书的相关章节中陆续介绍。

3.7.4 有点儿不一样的 RANKX() 函数

在逐行处理函数中，RANKX() 函数有点儿不一样，这个函数的内部运算逻辑如下：对第一个参数指定表中的每行逐行进行由其第二个参数指定的计算，从而得到一系列计算结果，然后用第三个参数对前面得到的一系列计算结果进行排序，最后得到排序序号。

RANKX() 函数简单应用的语法格式如下：

```
=RANKX（特定的表，对每行进行处理的表达式，要参与排序的值）
```

RANKX() 函数的参数说明如下。

- 特定的表：可以是一个具体的表，也可以计算结果为表的 DAX 表达式。这个表会被 RANKX() 函数的第二个参数进行逐行处理。
- 对每行进行处理的 DAX 表达式：该 DAX 表达式对 RANKX() 函数第一个参数指定表中的每行进行处理并计算得到一个数值列表，该数值列表是 RANKX() 函数第三个参数进行排序的基础。
- 要参与排序的值：可以是任何数值，也可以是计算结果是数值的 DAX 表达式。该参数会在 RANKX() 函数的第二个参数产生的数值列表中找到自己的排序位置。这里需要特别注意，当没有为 RANKX() 函数提供第三个参数时，RANKX() 函数会使用第二个参数计算得到的当前行的值作为第三个参数。

事实上，RANKX() 函数还能接收第四个参数和第五个参数。第四个参数定义排序方式，在默认情况下按照第二个参数计算得到的数值列表降序排序，也就是说，如果第三个参数指定的值等于第二个参数计算得到的数值列表中大的数字，则 RANKX() 函数的结果为 1。第五个参数定义当第二个参数计算得到的数值列表中有重复值时的排序方式，详细内容可查阅 DAX 函数的帮助文档。本节介绍的是 RANKX() 函数省略第四个参数和第五个参数的用法。

函数的定义是抽象和枯燥的，下面结合具体案例进行讲解：某个图书子类的销售金额为 1000 元，计算这个数字在图书子类销售金额排行榜上的名次。其 DAX 表达式如下：

```
销售额1000的名次:=RANKX(
    'T1 子类',
    CALCULATE(
        SUMX('T3 销售','T3 销售 '[T3 销售册数]*'T3 销售 '[T3 销售单价])
    ),
    1000
)
```

在 Power Pivot 数据模型管理界面下方的 DAX 表达式编辑区中的单元格中输入上述 DAX 表达式，计算结果如下图所示。

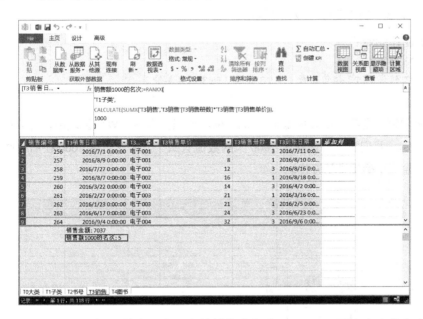

这里我们看到，如果某个图书子类的销售金额为 1000 元，那么这个数字在图书子类销售金额排行榜的第五位。

下面详细解析 DAX 表达式"销售额 1000 的名次"。为了解析方便，我们将该 DAX 表达式标上行号，如下所示。

```
1. 销售额 1000 的名次 :=RANKX(
   a.'T1 子类 ',
   b.CALCULATE(SUMX('T3 销售 ','T3 销售 '[T3 销售册数 ]*'T3 销售 '[T3 销售单价 ])),
   c.1000
2.)
```

我们知道，RANKX() 函数是一个具有逐行处理能力的 X 函数，它能够对其第一个参数指定的表（第 a 行的"T1 子类"表）进行逐行处理，对每行的处理方式由第 b 行的 DAX 表达式决定。

在第 b 行的 DAX 表达式外面包裹着一个 CALCULATE() 函数，我们已经数次强调，将 CALCULATE() 函数包裹在逐行处理函数第二个参数外面，可以在 Power Pivot 数据模型中逐行对"一对多"关系的两个表中的"多"端表进行筛选。由于 CALCULATE() 函数的作用，对于 RANKX() 函数所处理的每个图书子类，SUMX() 函数都能到"T3 销售"表中找到对应的销售记录并计算出销售金额，然后，用数字 1000 与逐行计算出来的所有图书子类销售金额进行比较，从而得出数字 1000 的名次。

为了对 DAX 表达式"销售额 1000 的名次"的计算结果进行验证，我们设计了 DAX 表达式"销售金额"，如下所示。

```
销售金额 :=SUMX(
    'T3 销售 ',
    'T3 销售 '[T3 销售册数 ]*'T3 销售 '[T3 销售单价 ]
)
```

将"销售金额"字段拖曳至 Power Pivot 超级数据透视表值区域中，计算结果如下图所示。我们看到，比数字 1000 大的数值有四个，因此数字 1000 在所有图书子类销售金额中确实排第五位。

我们在介绍 RANKX() 函数的语法格式时曾提到，该函数的第三个参数可以省略，当省略第三个参数时，RANKX() 函数会使用其第二个参数计算得到的当前行的值作为第三个参数。将 DAX 表达式"销售额 1000 的名次"的第三个参数去掉，即可计算每个图书子类的销售金额在所有图书子类销售金额中的名次。修改后的 DAX 表达式如下：

```
子类销售额名次 :=RANKX(
    ALL('T1 子类 '),
    CALCULATE(SUMX('T3 销售 ','T3 销售 '[T3 销售册数 ]*'T3 销售 '[T3 销售单价 ]))
)
```

在 Power Pivot 数据模型管理界面下方的 DAX 表达式编辑区中的单元格中输入

上述 DAX 表达式，计算结果如下图所示。

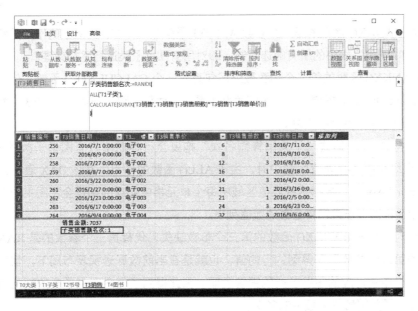

将 DAX 表达式"子类销售额名次"拖曳至如下布局的 Power Pivot 超级数据透视表值区域中，计算结果如下图所示。

下面详细解析 DAX 表达式"子类销售额名次"。为了解释方便，我们将该 DAX 表达式标上行号，如下所示。

```
1.子类销售额名次 :=RANKX(
  a.ALL('T1 子类 '),
```

b.CALCULATE(SUMX('T3 销售 ','T3 销售 '[T3 销售册数]*'T3 销售 '[T3 销售单价]))
2.)

在 RANKX() 函数的第一个参数 ALL('T1 子类 ') 中，ALL() 函数的作用是移除应用在 "T1 子类" 表中的所有筛选限制，即对所有图书子类进行逐行处理。

RANKX() 函数的第二个参数最外层包裹着一个 CALCULATE() 函数，使之能够根据 Power Pivot 数据模型中的表间关联关系，针对每个图书子类，在 "T3 销售" 表中进行相应的销售金额汇总。

当将 DAX 表达式 "子类销售额名次" 拖曳至行标题中只有图书子类的 Power Pivot 超级数据透视表值区域中时，由于 ALL() 函数的作用，在该 DAX 表达式所属的 Power Pivot 超级数据透视表值区域中每个单元格中处理的都是全部图书子类，形成一个全部图书子类销售金额的数值列表。

此时，由于 RANKX() 函数的第三个参数缺失，代替第三个参数的是 RANKX() 函数的第二个参数计算得到的行的值，也就是在当前数据透视表布局下，值区域中的单元格中所对应的图书子类的销售金额。因此得到了每个图书子类的销售金额在所有图书子类销售总金额中的名次。

为了进一步研究 RANKX() 函数，我们试着修改 Power Pivot 超级数据透视表布局，将 "T0 大类 K" 字段也拖曳至 Power Pivot 超级数据透视表行标题中，此时 Power Pivot 超级数据透视表布局如下图所示。

下面，针对上图中的 **Power Pivot** 超级数据透视表布局，我们再次解析 DAX 表达式"子类销售额名次"。为了解析方便，我们将标有行号的 DAX 表达式"子类销售额名次"再抄写一遍，如下所示：

```
1.子类销售额名次 :=RANKX(
  a.ALL('T1 子类 '),
  b.CALCULATE(SUMX('T3 销售 ','T3 销售 '[T3 销售册数 ]*'T3 销售 '[T3 销售单价 ]))
2.)
```

根据 RANKX() 函数的语法格式，RANKX() 函数的第一个参数是一个表，而 DAX 表达式 ALL('T1 子类 ') 的计算结果正是一个表，它包含所有不重复的图书子类。

因为 RANKX() 函数是一个逐行处理函数，所以 RANKX() 函数会对 ALL('T1 子类 ') 生成的表按照第二个参数进行逐行处理，得到所有图书子类销售金额的数值列表。

因为在这个 RANKX() 函数应用中省略了第三个参数，所以使用 RANKX() 函数的第二个参数代替第三个参数，相当于将第二个参数复制到第三个参数的位置。在当前数据透视表筛选环境下，CALCULATE(SUMX('T3 销售 ','T3 销售 '[T3 销售册数]*'T3 销售 '[T3 销售单价])) 可以计算出当前数据透视表筛选环境下的图书子类销售金额。将当前图书子类销售金额与 RANKX() 函数的第二个参数计算得到的每个图书子类销售金额进行比较，得到如上图所示的计算结果。

3.8 DAX 表达式与 Power Pivot 数据模型密不可分

在 Power Pivot 多表数据模型中设计 DAX 表达式时，有一点我们必须牢记：一定要站在 Power Pivot 数据模型的角度考虑问题。因为 Power Pivot 数据模型中存在"一对多"表间关联关系，所以对"一"端表的筛选会影响"多"端表。这也是 Power Pivot 数据模型存在的意义。

请看下面的 DAX 表达式：

```
销售册数大于 30 的子类总销售册数 :=CALCULATE(
    SUM('T3 销售 '[T3 销售册数 ]),
    FILTER('T1 子类 ',CALCULATE(SUM('T3 销售 '[T3 销售册数 ]))>=30)
)
```

注意，类似上述 DAX 表达式，我们在前面已经介绍过多次，为了使 DAX 表达式简单一些，该 DAX 表达式使用 SUM() 函数计算销售册数。

在这个 DAX 表达式中，外部的 CALCULATE() 函数的筛选器参数（第二个参数）如下：

```
FILTER('T1 子类 ',CALCULATE(SUM('T3 销售 '[T3 销售册数 ])))>=30)。
```

这里使用具有逐行处理能力的 FILTER() 函数对"T1 子类"表进行逐行测试，用于逐行查看每个图书子类对应的销售总册数是否大于或等于 30 册。如果大于或等于 30 册，则保留该图书子类，否则舍弃。这样，最后得到一个筛选后的图书子类列表，在这个图书子类列表中只包含图书销售总册数大于或等于 30 册的图书子类。

在得到这个满足筛选条件的图书子类列表后，外部的 CALCULATE() 函数就会用这个结果修改其当前所处的数据透视表筛选环境，外部的 CALCULATE() 函数会在这个已经修改的数据透视表筛选环境下进行汇总计算，最终只有销售总册数达到一定数量的图书子类才有资格进行销售总册数汇总。

最终的数据透视表计算结果如下图所示。通过与另一个没有任何附加条件的图书子类销售总册数对比，我们看到，只有销售总册数大于或等于 30 册的图书子类的销售总册数才会显示。

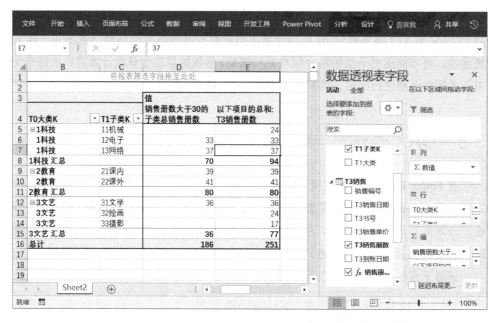

在 Power Pivot 超级数据透视表中，因为在 Power Pivot 数据模型中建立了正确的表间关联关系，所以 DAX 表达式"销售册数大于 30 的子类总销售册数"在 Power Pivot 数据模型中的筛选作用能够从"T1 子类"表一直传递到"T3 销售"表。如果没有在 Power Pivot 数据模型管理界面中建立正确的表间关联关系，则可能无法实现

筛选传递功能。如果你想验证，则可以试着在 Power Pivot 数据模型管理界面中删除表间关联关系连线，然后刷新 Power Pivot 超级数据透视表，看看是什么效果。

3.8.1 当前表、上级表与下级表

如果要用三个词概括 Power Pivot 的工作原理，那么我觉得应该是建模、筛选、汇总。在本书中，我们反复提及的 Power Pivot 数据模型示意图如下图所示。

为了方便解析 DAX 表达式，在本节中，我们介绍几个关于 Power Pivot 数据模型的简单概念。

在 Power Pivot 数据模型中的"一对多"表间关联关系中，我们需要特别明确什么是筛选表（或父表、上级表），什么是被筛选表（或子表、下级表）。

在本书中，对于存在"一对多"关联关系的两个表，我们将"一"端表称为筛选表（或父表、上级表），将"多"端表称为被筛选表（或子表、下级表）。筛选表是筛选或抽取操作的施加者，被筛选表是筛选或抽取操作的被施加者。

筛选表和被筛选表都是相对的名称，也就是说，在特定的 Power Pivot 数据模型中，根据该表相对于另一个表的关系，一个表既可以是筛选表，又可以是被筛选表。

参照下图，在本书中的 Power Pivot 数据模型中，相对于"T2 书号"表，"T1 子类"表是筛选表；而相对于"T0 大类"表，"T1 子类"表是被筛选表。

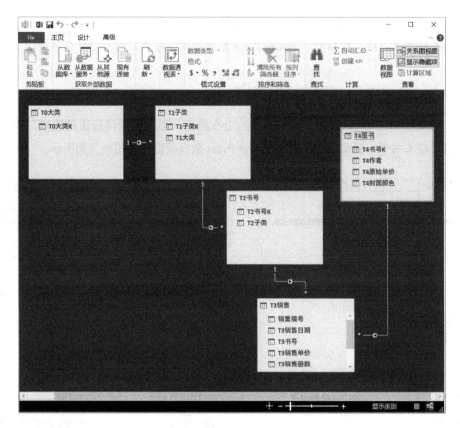

　　无论是筛选表还是被筛选表，当我们对表中的任意一个字段进行筛选操作时，得到的都是该表的一个子集（满足筛选条件的表的一部分）。

　　如果这个表是筛选表，那么其筛选效果会作用到与其存在"一对多"关系的被筛选表中。如果这个被筛选表与第三个表之间存在"一对多"关系，那么这个已经被筛选表筛选了的被筛选表还会影响第三个表。也就是说，如果几个表存在连续的"一对多"关系，那么筛选效果是会传递的。

　　如果 Power Pivot 数据模型中的几个表间存在连续的"一对多"关系，那么我们将当前表的父表及父表的父表称为上级表或上游表，将当前表的子表及子表的子表称为下级表或下游表。

　　针对本书中的 Power Pivot 数据模型，如果作为观察对象的当前表为"T2 书号"表，那么从上图中我们可以知道："T1 子类"表和"T0 大类"表是"T2 书号"表的上级表（上游表），而"T3 销售"表是"T2 书号"表的下级表（下游表）。

　　同理，如果作为观察对象的表是"T3 销售"表，那么它的上级表有两个分支，左边分支上的上级表分别是"T2 书号"表、"T1 子类"表和"T0 大类"表，右边分支上的上级表是"T4 图书"表。

3.8.2　DAX 表达式与 Power Pivot 数据模型

我们在设计 DAX 表达式时，心中一定要有数据模型的概念，特别是在处理 Power Pivot 多表数据模型时，要时刻提醒自己：在设计 DAX 表达式的同时，要控制整个 Power Pivot 数据模型。

Power Pivot 本质上是数据库的一种。对于已经具备一些关系型数据库知识的读者来说，如果将通常的数据库称为关系型数据库，那么将 Power Pivot 数据库称为抽取型数据库更为合适。

针对本书涉及的 Power Pivot 数据模型，我们有如下 DAX 表达式设计需求：计算销售册数少于 30 册的图书子类的销售总册数。这个 DAX 表达式设计需求意味着如下的 Power Pivot 数据模型操纵过程。

要计算销售册数少于 30 册的图书子类的销售总册数，需要对"T1 子类"表进行筛选，筛选出销售册数少于 30 册的图书子类。由于"T1 子类"表在 Power Pivot 数据模型中已经和其他表建立了正确的表间关联关系，因此对"T1 子类"表的筛选会相应地筛选出其下级表中相关的数据。

要筛选销售册数少于 30 册的图书子类，意味着对于每个图书子类，都要到"T3 销售"表中查看其销售册数并筛选出销售册数少于 30 册的销售记录。"每个"这两个字意味着逐行处理，"图书销售册数少于 30 册"意味着筛选，这时我们自然想到了既具有逐行处理功能，又具有筛选功能的 FILTER() 函数。

现在，对销售册数少于 30 册的图书子类的销售册数进行汇总。我们可以借助 CALCULATE() 函数实现，因为 CALCULATE() 函数可以对数据进行"先筛选，后汇总"。

在整理 DAX 设计思路的过程中，我们必须清晰地认识到，上述逻辑是建立在已经存在的 Power Pivot 数据模型的基础上的。如果没有事先在 Power Pivot 数据模型中建立正确的表间关联关系，DAX 表达式很难发挥作用。

针对这个案例，最终的 DAX 表达式如下：

```
=CALCULATE(
    SUM('T3 销售 '[T3 销售册数 ]),
    FILTER(
        'T1 子类 ',
        CALCULATE(SUM('T3 销售 '[T3 销售册数 ]))<30
    )
)
```

现在结合 Power Pivot 数据模型解析上述 DAX 表达式。我们知道，

CALCULATE() 函数的内部运算逻辑是"先筛选，后汇总"，也就是说，作为 CALCULATE() 函数第一个参数的汇总参数总是最后执行的。因此，针对上述 DAX 表达式，CALCULATE() 函数在计算时先执行作为筛选器参数的 FILTER() 函数。

```
FILTER(
    'T1 子类 ',
    CALCULATE(SUM('T3 销售 '[T3 销售册数 ]))<30
)
```

FILTER() 函数是一个逐行处理函数。它将对其第一个参数所指定的"T1 子类"表进行逐行处理，也就是说，对于"T1 子类"表中的每行，都要按照 DAX 表达式 CALCULATE(SUM('T3 销售 '[T3 销售册数]))<30 的筛选条件进行筛选测试。

我们注意到，这里筛选的并不是"T1 子类"表本身，而是到"T1 子类"表的下级表"T3 销售"表中查看当前图书子类的销售册数是否少于 30 册。如果少于 30 册，就将相应的图书子类保留下来，反之则筛除。这样，最后保留下来的都是满足筛选条件的图书子类，即销售册数少于 30 册的图书子类。

在得到满足筛选条件的图书子类后，由于 Power Pivot 数据模型中表间关联关系的存在，这些保留下来的图书子类会到 Power Pivot 数据模型中的"T3 销售"表中抽取相关的数据，最终由 CALCULATE() 函数中的汇总参数对抽取出来的图书子类销售册数进行汇总，得到最终计算结果，共 65 册。

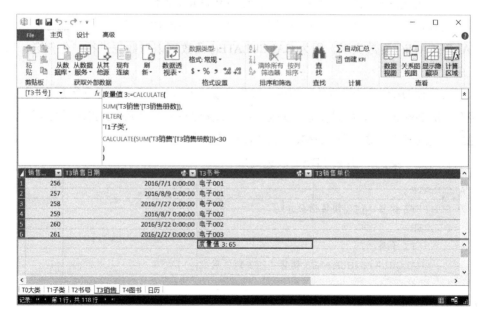

为了更加清晰地理解上述逻辑，观察下面的 Power Pivot 数据模型示意图，从下

图中可以看到，图书子类可以抽取出与该图书子类相关的下级表中的所有数据。

在上述 DAX 表达式中，FILTER() 函数的第二个参数外面必须包裹一个 CALCULATE() 函数。这是利用 CALCULATE() 函数能够识别逐行处理函数第一个参数指定表中的当前行的特点，对每行抽取出来的下级表中的数据进行汇总，对每个汇总结果，应用 FILTER() 函数的筛选条件，实现对"T1 子类"表的筛选。

在下图中，当将图书子类拖曳至 Power Pivot 超级数据透视表行标题中时，我们看到，只有销售册数少于 30 册的图书子类后面才有对应的数值。

125

这里需要强调的是，当我们将逐行处理函数的第一个参数指定表中的当前行信息沿着 Power Pivot 数据模型传递给与其存在"一对多"关系的下级表时，必须借助 CALCULATE() 函数。

3.8.3 筛选的是列，控制的是表

在 DAX 表达式中，我们对 Power Piovt 超级数据透视表中某个字段的筛选实际上就是对这个字段所在表的筛选。这一点并不难理解，因为我们在 Excel 工作表中的筛选就是这样的。

但是，与 Excel 工作表中的筛选不同的是，在 Power Pivot 数据模型中存在建立了关联关系的多个表。正因为这些表间关联关系的存在，在使用 DAX 表达式在 Power Pivot 数据模型中的某个表中的某列上设置筛选限制后，筛选结果会按照 Power Pivot 数据模型中的表间关联关系影响其他表。

换句话说：在 Power Pivot 数据模型中，尽管你筛选的只是某个表中的某列，但因为表间关联关系的存在，你实际上是用一个满足筛选条件、缩小了范围的表，根据 Power Pivot 数据模型中的表间关联关系，抽取它的所有下级表中的相关记录。观察 Power Pivot 数据模型示意图，如下图所示。

在上图中的 Power Pivot 数据模型示意图中我们看到，对一个表中的特定字段设置筛选限制，筛选出表中的相关记录，然后这些记录根据 Power Pivot 数据模型中的表间关联关系，自动抽取出与这些记录存在关联关系的下级表中的所有记录。就这样，由于 Power Pivot 数据模型中表间关联关系的存在，我们可以通过筛选上级表控制下级表中的相关记录。

注意，无论是对一个表中的关键字字段进行筛选，还是对一个表中的非关键字字段进行筛选，都需要遵从"上级表控制下级表"的逻辑。

观察下面两个 DAX 表达式。这里有一个新的知识点，那就是在 DAX 表达式中，两个竖线"||"表示"或"运算，也就是说，对于"||"符号两边的筛选条件，满足任意一个的记录都要保留在筛选结果中。

DAX 表达式"度量值 1"可以对"T1 子类"表中的字段进行筛选。

```
度量值 1:=
CALCULATE(
    SUM('T3 销售 '[T3 销售册数 ]),
    FILTER(
        'T1 子类 ',
        'T1 子类 '[T1 大类 ]="1 科技 "||'T1 子类 '[T1 大类 ]="2 教育 "
    )
)
```

DAX 表达式"度量值 2"可以对"T0 大类"表中的字段进行筛选，筛选条件与 DAX 表达式"度量值 1"的筛选条件相同。

```
度量值 2:=
CALCULATE(
    SUM('T3 销售 '[T3 销售册数 ]),
    FILTER(
        'T0 大类 ',
        'T0 大类 '[T0 大类 K]="1 科技 "||'T0 大类 '[T0 大类 K]="2 教育 "
    )
)
```

在 Power Pivot 数据模型管理界面下方的 DAX 表达式编辑区中的单元格中输入 DAX 表达式"度量值 1"和 DAX 表达式"度量值 2"，计算结果如下图所示。

我们看到，在 Power Pivot 超级数据透视表中，DAX 表达式"度量值 1"与 DAX 表达式"度量值 2"的计算结果相同。

通过上述案例可以看出，虽然筛选的是表中的列，但控制的其实是整个表，进而影响的是当前表在 Power Pivot 数据模型中的所有下级表。

第**4**章

几个重要的**DAX**函数再探讨

DAX 函数与 Excel 工作表函数在某些方面的差异还是很大的。对于 Excel 工作表函数，我们几乎可以从任意一个函数开始学，不用考虑函数学习的先后顺序；而对于 DAX 函数，我们必须遵循一定的逻辑顺序。例如，在学习 CALCULATE() 函数之前，最好先学习几个可以作为 CALCULATE() 函数筛选器参数的、能改变数据透视表筛选环境的函数，如 FILTER() 函数、ALL() 函数等。

在本书前面部分，我们已经按照上述思路介绍了一些 DAX 函数，本章我们对几个非常重要的 DAX 函数再次进行探讨，以便更加深入地理解和掌握它们。

4.1　DAX 核心函数——CALCULATE() 函数

现在大家应该已经深切地感知到，CALCULATE() 函数绝对是 Power Pivot 中最重要的函数。本节我们继续研究 CALCULATE() 函数。

我们先给出关于 CALCULATE() 函数的一个重要事实和两个重要结论，请大家结合现有知识再次感悟。

关于 CALCULATE() 函数的一个重要事实如下。

当一个 DAX 表达式被拖曳至 Power Pivot 超级数据透视表值区域中时，Power Pivot 会隐含地在这个 DAX 表达式外面包裹一个 CALCULATE() 函数。关于这个隐含的 CALCULATE() 函数的作用，请看下面对关于 CALCULATE() 函数的两个重要结论的讲解。

关于 CALCULATE() 函数的两个重要结论如下。

第一个重要结论，如果CALCULATE()函数被拖曳至Power Pivot超级数据透视表值区域中，那么CALCULATE()函数能够识别由当前行标题、列标题、筛选器、切片器等组成的当前的Power Pivot超级数据透视表筛选环境。由于关于CALCULATE()函数的重要事实的存在，可以推论，被拖曳至Power Pivot超级数据透视表值区域中的DAX表达式，即使其外部没有包裹CALCULATE()函数，也会因为自动包裹隐含的CALCULATE()函数的机制存在，而能够自动识别当前的Power Pivot超级数据透视表筛选环境。

第二个重要结论，如果将CALCULATE()函数应用于逐行处理函数内部，并且包裹于逐行处理函数第二个参数外部，则这个CALCULATE()函数可以识别逐行处理函数第一个参数指定表中的当前行，并且将当前行的筛选效果沿着Power Pivot数据模型中的表间关联关系传递给其下级表。

以上关于CALCULATE()函数的两个重要结论可以综合为一句话：CALCULATE()函数能够识别当前筛选环境。这里的当前筛选环境可以是数据透视表筛选环境，也可以是逐行处理函数产生的逐行筛选环境。展开说明如下：

- 当CALCULATE()函数位于Power Pivot超级数据透视表值区域中时，它能够识别该函数所对应的Power Pivot超级数据透视表筛选环境。
- 当将CALCULATE()函数应用于逐行处理函数中，并且包裹于逐行处理函数第二个参数外部时，CALCULATE()函数可以识别逐行处理函数所产生的逐行筛选环境。

此外，由于CALCULATE()函数特殊的内部运算逻辑（先执行筛选器参数，再执行汇总参数），因此CALCULATE()函数在进行汇总计算之前，会通过筛选器参数给我们提供了一个修改当前筛选环境的机会。

值得注意的是，CALCULATETABLE()函数与CALCULATE()函数的用法基本一致，其差别如下：当期望得到一个数值作为结果时，使用CALCULATE()函数；当期望得到一个表作为结果时，使用CALCULATETABLE()函数。因此，关于CALCULATE()函数的一个重要事实和两个重要结论对CALCULATETABLE()函数也适用。下面分别用实际案例解释关于CALCULATE()函数的一个重要事实和两个重要结论。

4.1.1　关于CALCULATE()函数的一个重要事实

这里，我们重述一下关于CALCULATE()函数的一个重要事实：当一个DAX表达式被拖曳至Power Pivot超级数据透视表值区域中时，Power Pivot会隐含地在这个

DAX 表达式外面包裹一个 CALCULATE() 函数。

当然，如果你设计的 DAX 表达式最外层已经包裹了一个 CALCULATE() 函数，那么在将该 DAX 表达式拖曳至 Power Pivot 超级数据透视表值区域中时，该 DAX 表达式会隐含地变成 CALCULATE(CALCULATE(...)) 形式，但其综合效果与 CALCULTE(...) 相同。

观察下面的 DAX 表达式，该 DAX 表达式主要用于计算图书的销售金额，为了在 Power Pivot 超级数据透视表中观察方便，我们用 DAX 表达式本身作为该 DAX 表达式的名称。注意，在这个含有 SUMX() 函数的 DAX 表达式外面，没有包裹 CALCULATE() 函数。

```
SUMX('T3销售','T3销售'[T3销售册数]*'T3销售'[T3销售单价]):=
SUMX(
    'T3销售',
    'T3销售'[T3销售册数]*'T3销售'[T3销售单价]
)
```

在 Power Pivot 数据模型管理界面下方的 DAX 表达式编辑区中的单元格中输入上述 DAX 表达式，如下图所示。

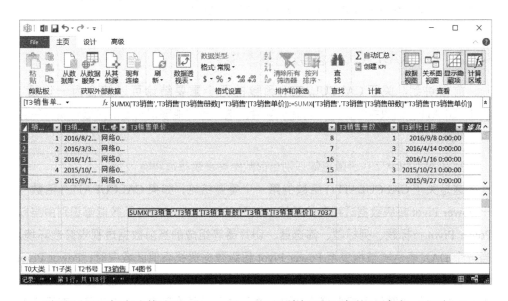

将该 DAX 表达式拖曳至 Power Pivot 超级数据透视表值区域中，这时，Power Pivot 会隐含地在原 DAX 表达式外面包裹一个 CALCULATE() 函数，使其能够识别当前数据透视表筛选环境，计算结果如下图所示。

观察上图可知，Power Pivot 超级数据透视表值区域中的每个值都反映了相应单元格对应的当前数据透视表筛选环境下的不同计算结果。

4.1.2　CALCULATE() 函数的基本能力

前面讲到，关于 CALCULATE() 函数的两个重要结论可以综合为一句话：CALCULATE() 函数能够识别当前筛选环境。这里的"能够识别当前筛选环境"包含以下两点。

1. CALCULATE() 函数能够识别当前数据透视表筛选环境

这是关于 CALCULATE() 函数的第一个重要结论，如果 CALCULATE() 函数位于 Power Pivot 超级数据透视表值区域中，那么 CALCULATE() 函数能够识别由当前 Power Pivot 行标题、列标题、筛选器、切片器等组成的当前数据透视表筛选环境。当一个 DAX 表达式被拖曳至 Power Pivot 超级数据透视表值区域中时，Power Pivot 会隐含地在该 DAX 表达式外面包裹一个 CALCULATE() 函数，使其能够自动识别 Power Pivot 超级数据透视表筛选环境。关于这个问题的案例，在前面已经有了详细说明，本节不再赘述。

2. CALCULATE() 函数能够识别逐行处理函数的当前行

这是关于 CALCULATE() 函数的第二个重要结论，如果将 CALCULATE() 函数应用于逐行处理函数内部，并且包裹在逐行处理函数第二个参数外部，那么CALCULATE() 函数可以识别逐行处理函数第一个参数指定表中的当前行。

由于 CALCULATE() 函数的作用，逐行处理函数对第一个参数指定表中当前行的筛选效果会根据 Power Pivot 数据模型中表间的"一对多"关系，传递给该表在 Power Pivot 数据模型中对应的"多"端表。关于这方面的案例，我们在前面已经解析过，但为了加深理解，此处再解析一个相关案例。观察下面的 DAX 表达式。

```
度量值 1:=SUMX(
    'T0 大类 ',
    SUMX('T3 销售 ','T3 销售 '[T3 销售册数 ]*'T3 销售 '[T3 销售单价 ])
)
```

根据前面学习的知识可知，由于 SUMX() 函数的第二个参数外面没有包裹 CALCULATE() 函数，因此没有启用识别当前行功能，导致结果不正确，必须改成下面三个 DAX 表达式的其中之一，计算结果才正确。

```
度量值 2:=SUMX(
    'T0 大类 ',
    CALCULATE(SUMX('T3 销售 ','T3 销售 '[T3 销售册数 ]*'T3 销售 '[T3 销售单价 ]))
)
```

```
度量值 3:=SUMX(
    'T0 大类 ',
    SUMX(CALCULATETABLE('T3 销售 '),'T3 销售 '[T3 销售册数 ]*'T3 销售 '[T3 销售单价 ])
)
```

```
度量值 4:=SUMX(
    'T0 大类 ',
    SUMX(RELATEDTABLE('T3 销售 '),'T3 销售 '[T3 销售册数 ]*'T3 销售 '[T3 销售单价 ])
)
```

上述四个 DAX 表达式的计算结果如下图所示。

在 DAX 表达式"度量值 3"中，在 SUMX() 函数的第一个参数外面包裹了一个 CALCULATETABLE() 函数，这是因为 CALCULATETABLE() 函数和 CALCULATE() 函数一样，都可以识别逐行处理函数的当前筛选环境。

在 DAX 表达式"度量值 4"中，将 RELATEDTABLE() 函数应用于逐行处理函数中，其作用是在具有"一对多"关系的两个表中，逐行地用"一"端表中的记录提取"多"端表对应的记录。此处应用了 Power Pivot 数据模型中预先建立的表间关联关系。

4.1.3　计算列公式中的 CALCULATE() 函数

CALCULATE() 函数识别当前行的能力不仅能在逐行处理函数中体现，还能在 Power Pivot 数据模型中的表中的计算列公式中体现，因为表中的计算列公式都存在当前行的概念。下面结合具体的案例进行讲解。

我们知道，CALCULATE() 函数通常需要两个参数，即汇总参数和筛选器参数。当 CALCULATE() 函数在 Power Pivot 数据模型中的某个表中的计算列公式中出现时，它的第一个参数能够识别 CALCULATE() 函数所在位置的当前行信息，并且以此为条件，执行 CALCULATE() 函数第一个参数所定义的汇总计算。观察下面的 DAX 表达式。

```
=CALCULATE(SUM('T3 销售 '[T3 销售册数 ]))
```

根据前面学过的知识，我们知道，如果将该 DAX 表达式作为度量值表达式应用于 Power Pivot 超级数据透视表中，则该 DAX 表达式会计算当前数据透视表筛选环境下的图书销售总册数，具体数值会随着 Power Pivot 超级数据透视表布局的变化而调整。

在本案例中，当将上述 DAX 表达式作为计算列公式应用于 Power Pivot 数据模型中的某个表中时，CALCULATE() 函数会识别其所在行的内容，并且遵照 Power Pivot 数据模型中的表间关联关系，将其他表中的相关信息提取出来并进行汇总计算。

将上述 DAX 表达式作为计算列公式添加到 Power Pivot 数据模型中的 "T0 大类" 表中，计算结果如下图所示。

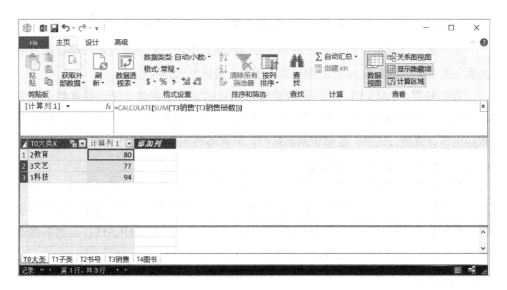

我们看到，每行计算列公式都知道自己所在行对应的图书大类信息，结合在 Power Pivot 数据模型中定义的 "一对多" 表间关联关系，在 CALCULATE() 函数的作用下，我们能够正确地计算出各图书大类对应的图书销售册数。

同理，在将同样的计算列公式添加到 Power Pivot 数据模型中的 "T1 子类" 表中时，该计算列公式能够识别各图书子类的相关信息，并且结合在 Power Pivot 数据模型中定义的 "一对多" 表间关联关系，计算出各图书子类的图书销售册数，如下图所示。

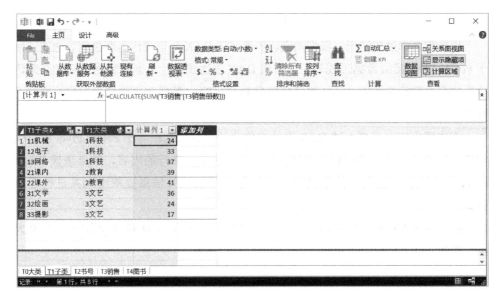

如果要在计算列中汇总下级表筛选后的结果，例如，汇总在当前行确定的图书大类下图书单价不低于 30 元的图书销售册数，应该怎么办呢？

我们知道，CALCULATE() 函数能够借助它的第二个参数（筛选器参数）改变 CALCULATE() 函数的当前数据透视表筛选环境。在本案例中，将 CALCULATE() 函数应用于计算列公式中，能够识别当前行，即能够将当前行信息作为 CALCULATE() 函数的第一个参数运算时的筛选限制。

但这一次，我们的目的不是简单地汇总当前行所对应的图书销售册数，而是有条件地汇总。因此，在本案例中，CALCULATE() 函数还需要一个筛选器参数来改变当前数据透视表筛选环境。可以使用 FILTER() 函数作为 CALCULATE() 函数的筛选器参数，此时的计算列公式可以写为如下格式：

```
=CALCULATE(
    SUM('T3销售'[T3销售册数]),
    FILTER('T3销售','T3销售'[T3销售单价]>=30)
)
```

上述计算列公式的计算结果如下图所示。

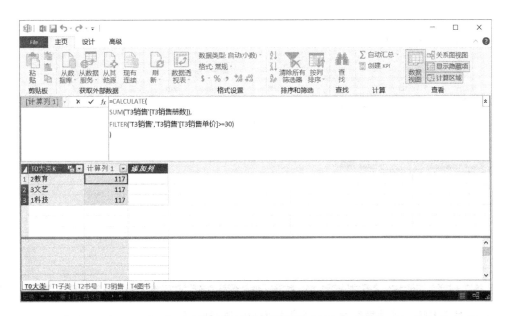

观察上图发现，每个图书大类对应的数值都是一样的。这是因为，只有 CALCULATE() 函数的第一个参数（汇总参数）具有识别当前行的能力，而第二个参数（筛选器参数）不能识别当前行，也就是说，筛选器参数不能将当前行确定的筛选限制叠加到筛选器参数定义的筛选限制上面。

要解决这个问题，必须使 CALCULATE() 函数的第二个参数（筛选器参数）也能识别当前行。

由于 FILTER() 函数的计算结果是一个表，因此可以在 CALCULATE() 函数的筛选器参数外面包裹一个与 CALCULATE() 函数特性相同的 CALCULATETABLE() 函数。最终的计算列公式如下：

```
=CALCULATE(
    SUM('T3 销售 '[T3 销售册数 ]),
    CALCULATETABLE(FILTER('T3 销售 ','T3 销售 '[T3 销售单价 ]>=30))
)
```

上述计算列公式的计算结果如下图所示。

对于上图中的计算结果，可以到数据源中进行验证。

上述计算列公式，还可以修改成如下格式：

```
=CALCULATE(
    SUM('T3 销售 '[T3 销售册数 ]),
    FILTER(CALCULATETABLE('T3 销售 '),'T3 销售 '[T3 销售单价 ]>=30)
)
```

上述计算列公式的计算结果如下图所示。

4.1.4 CALCULATE() 函数的应用场景总结

温故而知新，在本书中，我们总是不断地复习前面学习过的内容，从而在复习中巩固所学知识。本节对 CALCULATE() 函数的应用场景进行总结。

第一，将 CALCULATE() 函数应用于 DAX 表达式中，能够识别当前数据透视表筛选环境。

第二，将 CALCULATE() 函数包裹在逐行处理函数的第二个参数外面，CALCULATE() 函数能够将逐行处理函数第一个参数指定表中当前行的筛选限制，根据 Power Pivot 数据模型中的"一对多"表间关联关系，传递给下级表。

第三，如果将 CALCULATE() 函数应用于 Power Pivot 数据模型中的表中的计算列公式中，那么 CALCULATE() 函数能够识别表中的当前行，并且将当前行的筛选限制，根据 Power Pivot 数据模型中的"一对多"表间关联关系，传递给下级表。

将 CALCULATE() 函数的特性总结成一句话：CALCULATE() 函数能够根据不同的应用场景（DAX 表达式、逐行处理函数、计算列公式）确定当前数据透视表筛选环境，并且以此决定 CALCULATE() 函数的运算行为。

在 DAX 表达式中，CALCULATE() 函数非常重要。如果对 CALCULATE() 函数仍有疑问，可以根据本书中的各个应用案例，适当回顾复习，直至熟练掌握该函数为止。

4.2 FILTER() 函数与 CALCULATE() 函数

前面我们介绍过以 X 结尾的函数，这类函数的共同特点是能够对第一个参数指定的表进行逐行处理。

在 Power Pivot 中，具有逐行处理能力的函数，除了以 X 结尾的函数，还有一些同样具有逐行处理能力，但函数名称不是以 X 结尾的函数，如 FILTER() 函数。尽管前面我们多次介绍 FILTER() 函数，但仍然有必要对该函数进行更加深入的探讨。

FILTER() 函数能够对第一个参数指定的表进行逐行测试，检验每行是否满足其第二个参数规定的筛选条件，生成的结果是一个新表，在新表中只保留指定表中满足筛选条件的行，FILTER() 函数的作用类似于 Excel 工作表中的筛选操作。

FILTER() 函数与以 X 结尾的函数的不同点：FILTER() 函数的计算结果是对第一个参数指定表进行逐行筛选后的一个表，而以 X 结尾的函数的计算结果是对第一个参数指定表逐行处理并汇总后的一个数值。

FILTER() 函数与以 X 结尾的函数的共同点：它们都具有对第一个参数指定表进

行逐行处理的能力（这种逐行处理能力，在计算机专业术语中称为遍历）。

在 Power Pivot 数据模型中，当表间存在"一对多"关系时，结合 CALCULATE() 函数与这些具有逐行处理能力的函数，可以实现用下级表对上级表进行筛选的效果。

下面结合具体案例详细讲解。下面的 DAX 表达式的设计目的是对销售册数不少于 30 册的图书子类进行汇总，也就是说，只有图书子类销售册数不少于 30 册，才有资格计入图书销售总册数。

```
子类销量不少于 30 册汇总 :=CALCULATE(
    SUM('T3 销售'[T3 销售册数]),
    FILTER(
        'T1 子类',
        CALCULATE(SUM('T3 销售'[T3 销售册数]))>=30)
    )
)
```

上述 DAX 表达式的计算结果是 186，这个结果是正确的。如果对该计算结果有所怀疑，那么可以在数据透视表中手动验证一下。在如下图所示的数据透视表中，选中数值大于或等于 30 的单元格，可以看到 Excel 工作表状态栏中"求和"的值是 186。

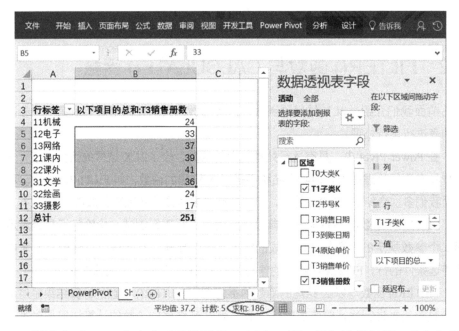

下面我们对 DAX 表达式"子类销量不少于 30 册汇总"进行解析。我们知道，CALCULATE() 函数能够识别其当前数据透视表筛选环境，并且其内部运行逻辑是

"先筛选，后汇总"。

第一步，根据CALCULATE()函数的筛选器参数，对CALCULATE()函数的当前数据透视表筛选环境进行修改。

第二步，针对修改后的数据透视表筛选环境，根据CALCULATE()函数的汇总参数进行汇总计算，从而得到CALCULATE()函数的最终计算结果。

CALCULATE()函数能够识别其所处的数据透视表筛选环境，这意味着，当将CALCULATE()函数应用于逐行处理函数内部时，该函数能够识别逐行处理函数第一个参数指定表中的当前行，并且将当前行的筛选效果传递给它的下级表。

DAX表达式"子类销量不少于30册汇总"是由CALCULATE()函数与FILTER()函数嵌套得到的，并且包含两个CALCULATE()函数。

虽然看起来复杂，但如果按照CALCULATE()函数的执行顺序来解析这个DAX表达式，就会发现逻辑其实很简单。为了解析方便，将DAX表达式"子类销量不少于30册汇总"再抄写一遍，如下所示。

```
子类销量不少于 30 册汇总 :=CALCULATE(
    SUM('T3 销售 '[T3 销售册数 ]),
    FILTER(
        'T1 子类 ',
        CALCULATE(SUM('T3 销售 '[T3 销售册数 ])>=30)
    )
)
```

对于DAX表达式"子类销量不少于30册汇总"，由于CALCULATE()函数先执行筛选器参数，因此第一个CALCULATE()函数的筛选器参数是使用了FILTER()函数的DAX表达式，如下所示。

```
FILTER(
    'T1 子类 ',
    CALCULATE(SUM('T3 销售 '[T3 销售册数 ])>=30)
)
```

FILTER()函数是逐行处理函数，它能够对其第一个参数指定的表进行逐行测试，检验每行是否满足其第二个参数规定的筛选条件。在上述DAX表达式中，FILTER()函数第一个参数指定的表是"T1子类"表，因此需要对"T1子类"表进行逐行测试，检验每个图书子类（每个图书子类在该表中对应一行）是否满足第二个参数规定的筛选条件。

上述使用FILTER()函数的DAX表达式与常见的FILTER()函数的不同之处如下：上述FILTER()函数中规定的筛选条件并不是直接针对其第一个参数所指定的表

（"T1 子类"表），而是对每个图书子类对应的图书销售册数进行筛选，即只筛选销售册数不少于 30 册的图书子类，忽略销售册数少于 30 册的图书子类。

FILTER() 函数的逐行处理功能提供了对每个图书子类分别处理的能力。作为 DAX 初学者，在了解 FILTER() 函数的逐行处理功能后，要想完成上述任务，也许首先想到的 DAX 表达式如下：

```
FILTER(
    'T1 子类 ',
    SUM('T3 销售 '[T3 销售册数 ])>=30
)
```

上述 DAX 表达式虽然看起来很符合逻辑，但其实是不正确的。因为虽然 FILTER() 函数具有逐行处理功能，但如果要使 FILTER() 函数实现传递筛选条件的效果，则必须在 FILTER() 函数的第二个参数外面包裹一个 CALCULATE() 函数，如下所示。

```
FILTER(
    'T1 子类 ',
    CALCULATE(SUM('T3 销售 '[T3 销售册数 ])>=30)
)
```

上述 FILTER() 函数能够对"T1 子类"表进行逐行测试，并且借助 CALCULATE() 函数能够识别逐行处理函数当前行的特性，利用 Power Pivot 数据模型中已经建立好的表间关联关系，将"T1 子类"表中每行的筛选条件传递给其下级表（"T3 销售"表），限制图书子类的销售册数不少于 30 册，从而实现我们期待的对"T1 子类"表的筛选效果。

4.3　Power Pivot 多表数据模型中的 ALL() 函数

虽然在前面讲解 Power Pivot 单表操作时已经介绍过 ALL() 函数了，但由于 ALL() 函数非常重要，因此在 Power Pivot 多表数据模型中进一步讲解该函数。

在 Power Pivot 单表数据模型中，ALL() 函数主要用于移除表中指定列上已经存在的筛选限制；而在 Power Pivot 多表数据模型中，因为表间存在"一对多"关系，所以 ALL() 函数在移除当前表上的筛选限制时，可能会相应地影响其下级表。

ALL() 函数可以有一个或多个参数。当 ALL() 函数的参数是一个表时，只能有一个参数；当 ALL() 函数的参数为同一个表中的列时，可以有多个参数。

当 ALL() 函数的参数为一个表时，其语法格式如下：

```
ALL(' 表名称 ')
```

当 ALL() 函数的参数为同一个表中的多列时，其语法格式如下：

```
ALL('表名称1'[列名称1],'表名称1'[列名称2],…)
```

可以将 Power Pivot 数据模型简单地理解为建立了表间关联关系的多个表的集合，Power Pivot 数据模型中的表间可能存在上下级关系。

当 ALL() 函数的参数为 Power Pivot 数据模型中的某个表时，ALL() 函数会使与该表相关联的上下级表失去对该表的筛选控制能力；当 ALL() 函数的参数为表中特定的列时，ALL() 函数只会移除该列在 Power Pivot 数据模型上的筛选限制，而非整个表在 Power Pivot 数据模型上的筛选限制。下面我们分情况讨论 ALL() 函数的使用方法，以便进一步加深理解。

4.3.1　ALL() 函数的参数是表中的一列

ALL() 函数的功能之一是在当前级别中得到上一级别的汇总值。我们先来研究一下 ALL() 函数的参数是表中的一列的情形。观察下面的 DAX 表达式。

```
DAX1:=CONCATENATEX(
    CALCULATETABLE(
        CALCULATETABLE('T1子类'),
        'T1子类'[T1子类K]="33摄影"
    ),
    'T1子类'[T1子类K],
    ","
)
```

DAX 表达式"DAX1"的核心是下面的 DAX 表达式片段，其功能是对"T1 子类"表进行筛选，得到一个只包含"33 摄影"图书子类的表，显然这个表中只有一行数据。

```
CALCULATETABLE(
    CALCULATETABLE('T1子类'),
    'T1子类'[T1子类K]="33摄影"
)
```

然后，用 CONCATENATEX() 函数对筛选后的"T1 子类"表中的"T1 子类 K"列进行字符串合并操作，因为筛选后的"T1 子类"表中只剩下一行，因此 DAX 表达式"DAX1"的最终计算结果是"33 摄影"。

观察下面的 DAX 表达式"DAX2"，与 DAX 表达式"DAX1"不同的是，在 DAX 表达式"DAX2"中第三行的 CALCULATETABLE() 函数中，增加了一个筛选器

参数 ALL('T1 子类 '[T1 子类 K])，这个筛选器参数将第二行的 CALCULATETABLE()
函数中的筛选器参数 'T1 子类 '[T1 子类 K]="33 摄影 " 的筛选限制移除了。

```
DAX2:=CONCATENATEX(
    CALCULATETABLE(
        CALCULATETABLE(
            'T1 子类 ',
            ALL('T1 子类 '[T1 子类 K])
        ),
        'T1 子类 '[T1 子类 K]="33 摄影 "
    ),
    'T1 子类 '[T1 子类 K],
    ","
)
```

DAX 表达式"DAX1"与 DAX 表达式"DAX2"的计算结果如下图所示。显然，
在 DAX 表达式"DAX2"中，由于 ALL(T1 子类 '[T1 子类 K]) 的作用，移除了施加
在"T1 子类"表上的筛选限制 'T1 子类 '[T1 子类 K]="33 摄影 "，因此我们看到在图
书大类筛选限制下的所有图书子类。

观察下面的两个 DAX 表达式。

```
DAX3:=COUNTROWS(
    CALCULATETABLE(
        CALCULATETABLE('T3 销售 '),
```

```
        'T3 销售 '[T3 销售册数 ]>=3,'T3 销售 '[T3 销售单价 ]>=10
    )
)
```

```
DAX4:=COUNTROWS(
    CALCULATETABLE(
        CALCULATETABLE('T3 销售 ',ALL('T3 销售 '[T3 销售册数 ])),
        'T3 销售 '[T3 销售册数 ]=3,'T3 销售 '[T3 销售单价 ]>=10
    )
)
```

　　DAX 表达式"DAX3"和 DAX 表达式"DAX4"的主要区别是，在 DAX 表达式"DAX4"的第三行的 CALCULATETABLE() 函数中，增加了一个筛选器参数 ALL('T3 销售 '[T3 销售册数])，该参数在第二行 CALCULATETABLE() 函数的筛选器参数的基础上，移除了原有的两个筛选限制中的 'T3 销售 '[T3 销售册数]>=3。也就是说，与 DAX 表达式"DAX3"相比，DAX 表达式"DAX4"放松了筛选限制，因此在下图所示的 Power Pivot 超级数据透视表筛选环境下，DAX 表达式"DAX4"的计算结果为 98 行，DAX 表达式"DAX3"的计算结果为 40 行。

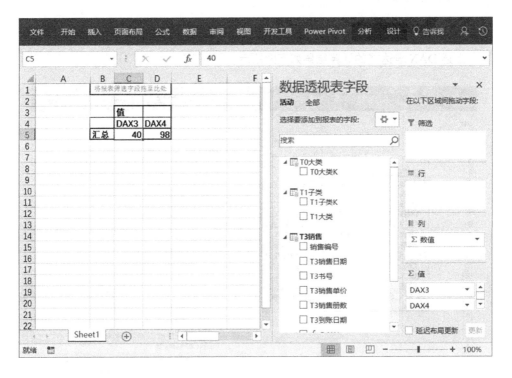

4.3.2 ALL() 函数的参数是一个表

在上一节中，需要注意的是，当 ALL() 函数的参数是指定表中的特定列时，ALL() 函数只能移除该指定表中特定列上的筛选限制，而不能移除 Power Pivot 数据模型中与当前指定表建立了关联关系的其他表对 ALL() 函数指定表的筛选限制。

当 ALL() 函数的参数是一个表时，情况就不同了，此时 ALL() 函数移除的是 Power Pivot 数据模型中其他表对当前表的筛选限制，其效果相当于在 Power Pivot 数据模型中移除了当前表与其他表之间的关联关系，使当前表不再受 Power Pivot 数据模型中其他表的影响。

ALL(' 表名称 ') 格式的 DAX 表达式经常用在占比计算中。例如，计算在 Power Pivot 超级数据透视表行标题筛选限制下，图书销售册数占所有图书销售册数的比值，其 DAX 表达式如下：

```
总销售册数占比:=DIVIDE(
SUM('T3 销售 '[T3 销售册数 ]),
CALCULATE(
    SUM('T3 销售 '[T3 销售册数 ]),
    ALL('T3 销售 ')
)
)
```

上述 DAX 表达式的计算结果如下图所示。

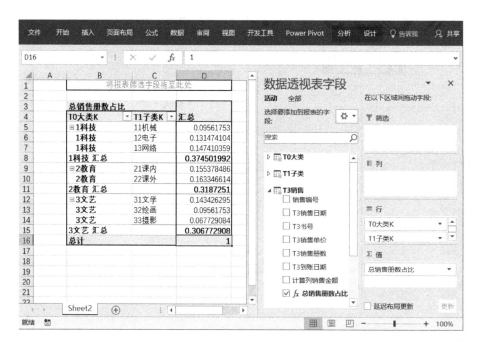

在 DAX 表达式"总销售册数占比"中，我们使用了 DIVIDE() 函数，该函数的功能是做除法，即将两个数相除。DIVIDE() 函数至少需要两个参数，即被除数和除数，分别相当于分子和分母。

在 DAX 表达式"总销售册数占比"中，DIVIDE() 函数的第一个参数 SUM('T3 销售 '[T3 销售册数]) 相当于分子，计算的是当前数据透视表筛选环境下的图书销售册数，其计算结果会随着数据透视表筛选环境的变化而变化。

在 DAX 表达式"总销售册数占比"中，DIVIDE() 函数的第二个参数相当于分母，其 DAX 表达式如下：

```
CALCULATE (
    SUM('T3 销售 '[T3 销售册数 ]),
    ALL('T3 销售 ')
)
```

在上述 DAX 表达式中，第二个参数 ALL() 函数的参数是"T3 销售"表，相当于在 Power Pivot 数据模型中切断了"T3 销售"表与其他表的关联关系，使其不再受其他表的筛选限制，因此即使 Power Pivot 超级数据透视表的行标题或列标题发生变化，计算结果也不会发生变化，得到的都是"T3 销售"表中的销售总册数 251。

这样，即可使用 DIVIDE() 函数计算在 Power Pivot 超级数据透视表行标题筛选限制下，图书销售册数占所有图书销售册数的比值。

4.3.3　ALL() 函数的参数是一个表中的多列

ALL() 函数的参数还可以是同一个表中的多列，其作用是移除同一个表中所有指定列上的筛选限制。假设有如下数据分析需求：

（1）计算每种"封面颜色 & 书号"组合的图书销售册数。

（2）在当前数据透视表筛选环境下，计算考虑"封面颜色 & 书号"筛选限制的图书销售册数与不考虑"封面颜色 & 书号"筛选限制的图书销售册数的比值。

对于第一个数据分析需求，将 Power Pivot 超级数据透视表的行标题设置为"T4 封面颜色"和"T4 书号 K"，即可很容易地写出如下 DAX 表达式：

```
=SUM('T3 销售 '[T3 销售册数 ])
```

将上述 DAX 表达式拖曳至 Power Pivot 超级数据透视表值区域中，或者直接将"T3 销售册数"字段拖曳至 Power Pivot 超级数据透视表值区域中，默认求和计算即可。

对于第二个数据分析需求，需要在当前数据透视表筛选环境下，移除行标题

"T4封面颜色"和"T4书号K"的筛选限制，然后结合数据分析需求（1）写出如下DAX表达式：

```
ALL 比值 :=DIVIDE(
    SUM('T3 销售 '[T3 销售册数 ]),
    CALCULATE(
        SUM('T3 销售 '[T3 销售册数 ]),
        ALL('T4 图书 '[T4 封面颜色 ], 'T4 图书 '[T4 书号 K])
    )
)
```

在上述DAX表达式中使用了CALCULATE()函数，因为CALCULATE()函数的第二个参数（筛选器参数）具有修改当前数据透视表筛选环境的能力。CALCULATE()函数的第二个参数如下：

```
ALL('T4 图书 '[T4 封面颜色 ], 'T4 图书 '[T4 书号 K])
```

在上述DAX表达式中，ALL()函数中有两个参数，对应"T4图书"表中的两列。值得注意的是，如果ALL()函数使用多个参数，那么这些参数必须是来自同一个表中的多列。

这样，CALCULATE()函数使用有多个参数的ALL()函数作为筛选器参数，达到了在移除 'T4 图书 '[T4 封面颜色] 和 'T4 图书 '[T4 书号 K] 筛选限制的情况下，计算图书销售总册数的目的。

最后利用DEVIDE()函数，将一个没有移除数据透视表筛选限制的DAX表达式与一个已经移除了数据透视表筛选限制的DAX表达式相除，即可得到需求（2）的计算结果。

为了方便讲解，我们将DAX表达式"ALL比值"中DIVIDE()函数的分母部分拆分出来，其DAX表达式如下：

```
ALL 多列 :=CALCULATE(
    SUM('T3 销售 '[T3 销售册数 ]),
    ALL('T4 图书 '[T4 封面颜色 ], 'T4 图书 '[T4 书号 K])
)
```

最终的Power Pivot超级数据透视表计算结果如下图所示（由于表太长，下图只是部分截图）。其中，"以下项目的总和:T3销售册数"字段是直接将Power Pivot数据模型中"T3销售"表中的"T3销售册数"字段拖曳至Power Pivot超级数据透视表值区域中的默认求和结果，用于作为对比参考。

T4封面颜色	T4书号K	值 以下项目的总和:T3销售册数	ALL多列	ALL比值
⊟橙	电子003	5	251	0.019920319
橙	绘画003	3	251	0.011952191
橙	课内001	5	251	0.019920319
橙	网络004	2	251	0.007968127
橙 汇总		15	251	0.059760956
⊟赤	电子001	4	251	0.015936255
赤	电子006	6	251	0.023904382
赤	机械004	8	251	0.03187251
赤	课外002	5	251	0.019920319
赤	课外006	8	251	0.03187251
赤	网络008	3	251	0.011952191
赤	文学007	4	251	0.015936255
赤 汇总		38	251	0.151394422
⊟黄	电子004	6	251	0.023904382
黄	电子005	5	251	0.019920319
黄	课内004	4	251	0.015936255
黄	课内008	5	251	0.019920319
黄	课外003	3	251	0.011952191
黄	课外005	9	251	0.035856574
黄	摄影001	5	251	0.019920319
黄	网络001	4	251	0.015936255
黄	网络006	8	251	0.03187251
黄	网络007	3	251	0.011952191
黄	文学002	7	251	0.027888446

作为演示，将不在 ALL() 函数参数中的 'T4 图书 '[T4 作者] 字段拖曳至 Power Pivot 超级数据透视表的行标题中，其计算结果如下图所示（由于表太长，下图只是部分截图）。由于 "T4 图书" 表中的 "T4 作者" 字段不在 ALL() 函数的筛选移除参数中，因此该字段在 Power Pivot 超级数据透视表中起到了筛选作用。

T4作者	T4封面颜	T4书号K	值 以下项目的总和:T3销售册数	ALL多列	ALL比值
⊟李尔思	⊟黄	课内004	4	4	1
⊟李韭琪	⊟黄	网络007	3	3	1
⊟李柳伊	⊟黄	网络001	4	4	1
⊟李伊尔	⊟紫	绘画002	5	5	1
⊟刘芭芭	⊟黄	课内008	5	5	1
⊟刘韭尔	⊟黄	文学002	7	7	1
⊟刘叁思	⊟橙	网络004	2	2	1
⊟刘思叁	⊟橙	电子003	5	11	0.454545455
刘思叁	⊟蓝	机械003	6	11	0.545454545
⊟刘伍尔	⊟紫	网络002	6	6	1
⊟刘伊思	⊟黄	电子004	6	6	1
⊟钱韭柳	⊟黄	网络006	8	8	1
⊟钱柳伍	⊟绿	绘画005	5	5	1
⊟钱琪伊	⊟黄	摄影001	5	5	1
⊟钱思叁	⊟紫	课内003	4	4	1
⊟钱思伍	⊟蓝	网络005	5	5	1
⊟孙韭叁	⊟黄	课外003	3	3	1
⊟孙伍琪	⊟蓝	课内007	6	6	1
⊟孙伊伊	⊟蓝	绘画001	3	3	1
⊟王尔思	⊟赤	机械004	8	8	1
⊟王韭伊	⊟黄	课外005	9	9	1
⊟王柳柳	⊟赤	电子006	6	6	1
⊟王琪伊	⊟橙	课内001	5	5	1

4.3.4　Power Pivot 多表数据模型中关联字段的筛选效果

对于 Power Pivot 数据模型中的筛选，对表中字段的筛选效果是作用在该字段所在的表上的（这是显然的），并且由于在 Power Pivot 数据模型中存在表间关联关系，对上级表的筛选可能会影响下级表，因此在对表中的字段进行筛选时要明确了解：对该字段起筛选作用的当前表是哪一个，以及根据 Power Pivot 数据模型中的表间关联关系，对该字段的筛选会影响哪些下级表。

在 Power Pivot 中，将同一个表中的字段与不同表中的字段放在 Power Pivot 超级数据透视表行标题（或列标题）中的筛选效果是不一样的。为了说明这个问题，我们再来回顾一下介绍 Power Pivot 多表数据模型时使用的图。

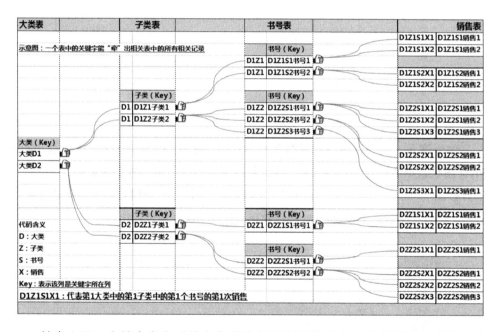

结合上图，在某个表中对特定字段进行限制是传统意义上的筛选，类似于在 Excel 工作表中的筛选，但是，当两个表之间存在"一对多"关系时，在"一"端表中设置筛选限制，除了对"一"端表有筛选作用，还会通过表间关联关系对"多"端表产生影响。

"一"端表对"多"端表的筛选作用可以用更形象的词汇"抽取"来表示，即用"一"端表中的特定记录抽取出"多"端表中的相关记录，就像上图中的小手一样，将"多"端表中的相关记录"牵"出来。

下面对比如下两个 DAX 表达式在不同 Power Pivot 超级数据透视表布局下的计算结果差异。注意，为了在 Power Pivot 超级数据透视表中方便对比，这里用 DAX 表达式本身作为其名称。

首先观察第一个 DAX 表达式，在该 DAX 表达式中，用 ALL() 函数移除了“T1 子类”表中“T1 子类 K”字段对 Power Pivot 数据模型的筛选限制。

```
CALCULATE(
SUM('T3 销售'[T3 销售册数]),
ALL('T1 子类'[T1 子类 K])):=CALCULATE(
    SUM('T3 销售'[T3 销售册数]),
    ALL('T1 子类'[T1 子类 K])
)
```

将上述 DAX 表达式拖曳至 Power Pivot 超级数据透视表值区域中，当改变 Power Pivot 超级数据透视表布局时，其计算结果如下图所示。为了方便对比，我们将两个不同布局的 Power Pivot 超级数据透视表放在了同一个 Excel 工作表中，注意两个 Power Pivot 超级数据透视表的行标题不同。

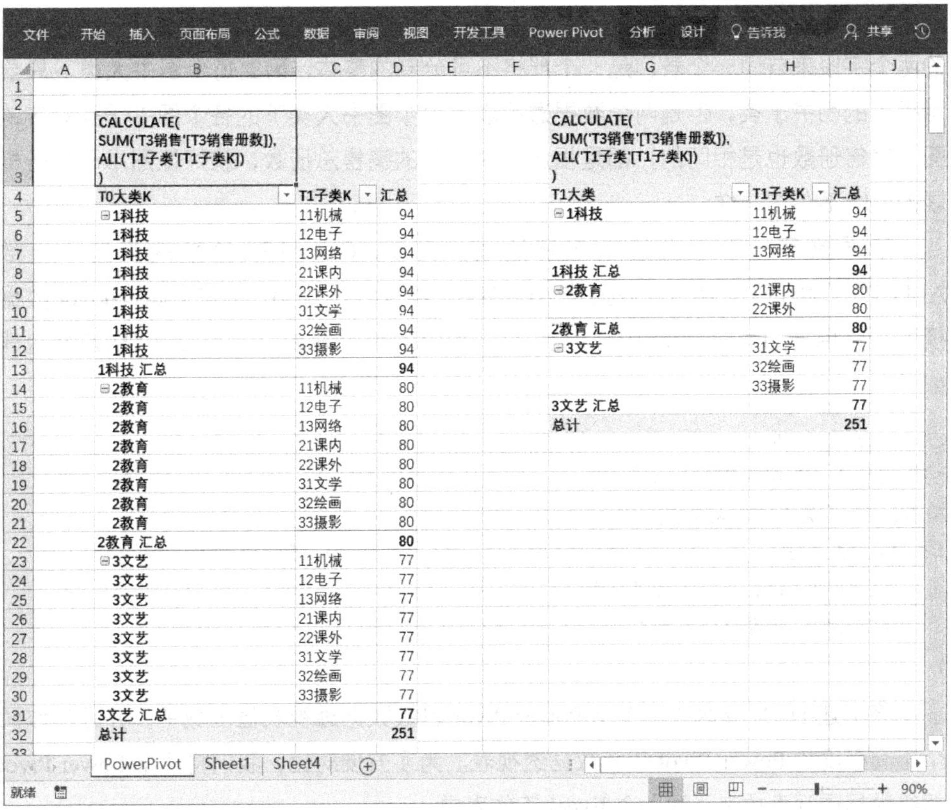

CALCULATE(
SUM('T3销售'[T3销售册数]),
ALL('T1子类'[T1子类K])
)

T0大类K	T1子类K	汇总
⊟1科技	11机械	94
1科技	12电子	94
1科技	13网络	94
1科技	21课内	94
1科技	22课外	94
1科技	31文学	94
1科技	32绘画	94
1科技	33摄影	94
1科技 汇总		94
⊟2教育	11机械	80
2教育	12电子	80
2教育	13网络	80
2教育	21课内	80
2教育	22课外	80
2教育	31文学	80
2教育	32绘画	80
2教育	33摄影	80
2教育 汇总		80
⊟3文艺	11机械	77
3文艺	12电子	77
3文艺	13网络	77
3文艺	21课内	77
3文艺	22课外	77
3文艺	31文学	77
3文艺	32绘画	77
3文艺	33摄影	77
3文艺 汇总		77
总计		251

CALCULATE(
SUM('T3销售'[T3销售册数]),
ALL('T1子类'[T1子类K])
)

T1大类	T1子类K	汇总
⊟1科技	11机械	94
	12电子	94
	13网络	94
1科技 汇总		94
⊟2教育	21课内	80
	22课外	80
2教育 汇总		80
⊟3文艺	31文学	77
	32绘画	77
	33摄影	77
3文艺 汇总		77
总计		251

在上图中左侧的 Power Pivot 超级数据透视表中，行标题分别是"T0 大类 K"字段（来自"T0 大类"表）和"T1 子类 K"字段（来自"T1 子类"表）。这里需要格外注意，在左侧的 Power Pivot 超级数据透视表中，行标题中的两个字段分别来自 Power Pivot 数据模型中有上下级关系的两个表。

由于在该 DAX 表达式中移除了 'T1 子类 '[T1 子类 K] 在 Power Pivot 数据模型中的筛选限制，因此针对"T0 大类"表中的每个图书大类，都会显示 Power Pivot 数据模型中的所有图书子类，并且每个图书大类下各个图书子类的计算数值都相同，都是对应图书大类的销售总册数。这是因为在每个图书大类下都用 ALL('T1 子类 '[T1 子类 K]) 移除了图书子类上的筛选限制，就好像图书子类行标题的影响不存在一样。

在上图中，右侧的 Power Pivot 超级数据透视表中的行标题看似与左侧的 Power Pivot 超级数据透视表的行标题相同，其实是不一样的，右侧的 Power Pivot 超级数据透视表中的两个行标题字段来自同一个表，分别是"T1 大类"字段（来自"T1 子类"表）和"T1 子类 K"字段（来自"T1 子类"表）。这次，Power Pivot 超级数据透视表的显示完全不同。

这里，虽然用 ALL('T1 子类 '[T1 子类 K]) 函数移除了 'T1 子类 '[T1 子类 K] 在 Power Pivot 数据模型中的筛选限制，但是由于 Power Pivot 超级数据透视表行标题中的两个字段来自同一个表，是一个严格不可分割的整体，因此每个图书大类下只显示相应的图书子类，但是两个数据透视表中每个图书大类下的各个图书子类对应的图书销售册数也是相同的，都是相应图书大类的销售总册数，就好像图书子类行标题的影响不存在一样。

下面改写一下上面的 DAX 表达式，将 CALCULATE() 函数的筛选器参数 ALL('T1 子类 '[T1 子类 K]) 替换成 ALL('T1 子类 '[T1 大类])，即在 Power Pivot 数据模型中移除"T1 子类"表中"T1 大类"字段的筛选限制。改写后的 DAX 表达式如下：

```
CALCULATE (SUM (
'T3 销售 '[T3 销售册数 ]),
ALL ('T1 子类 '[T1 大类 ])
) :=CALCULATE (
    SUM ('T3 销售 '[T3 销售册数 ]),
    ALL ('T1 子类 '[T1 大类 ])
)
```

将上述 DAX 表达式拖曳至 Power Pivot 超级数据透视表值区域中，并且制作两个不同布局的 Power Pivot 超级数据透视表。为了方便对比，我们将两个 Power Pivot 超级数据透视表放在了同一个 Excel 工作表中。

注意，上图中左右两个 Power Pivot 超级数据透视表的行标题是不同的。左侧的 Power Pivot 超级数据透视表的行标题分别来自"T0 大类"表的"T0 大类 K"字段和来自"T1 子类"表的"T1 子类 K"字段；右侧的 Power Pivot 超级数据透视表的行标题则是来自"T1 子类"表的"T1 大类"字段和"T1 子类 K"字段。请参照 Power Pivot 数据模型图。

我们先观察上图中左侧的 Power Pivot 超级数据透视表。在 DAX 表达式中，因为移除的是"T1 子类"表中的"T1 大类"字段的筛选限制，但是，"T1 子类"表中的"T1 大类"字段并不在左侧的 Power Pivot 超级数据透视表的行标题中，即当前的 Power Pivot 超级数据透视表中的两个行标题均与 ALL() 函数无关。因此，在左侧的 Power Pivot 超级数据透视表中，在"T1 子类 K"字段中会计算出对应的图书子类的数值。

对于右侧的 Power Pivot 超级数据透视表，由于行标题字段"T1 大类"与"T1 子类 K"均来自同一个表，因此，虽然用 ALL() 函数移除了"T1 大类"字段对 Power Pivot 数据模型的筛选限制，但是，与"T1 大类"字段紧密绑定的 Power Pivot 超级数据透视表行标题"T1 子类 K"又恢复了筛选限制，因此，每个图书子类下有着相应的图书子类的销售总册数。

4.3.5 Power Pivot 多表数据模型中的 ALL() 函数应用

在 Power Pivot 数据模型中，"T3 销售"表的上级表有两个分支（见下图），左侧的分支是"T2 书号"表、"T1 子类"表、"T0 大类"表；右侧的分支是"T4 图书"表。下面研究当 ALL() 函数的参数来自不同分支的上级表时，Power Pivot 在数据汇总行为上的特点。

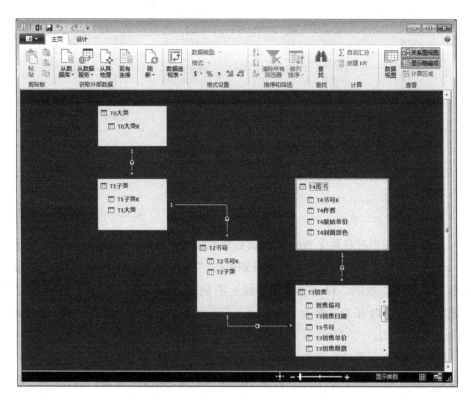

观察下面两个 DAX 表达式。

```
CALCULATE(
SUM('T3 销售'[T3 销售册数]),
ALL('T4 图书')
):=CALCULATE(
    SUM('T3 销售'[T3 销售册数]),
    ALL('T4 图书')
)


CALCULATE(
SUM('T3 销售'[T3 销售册数]),
ALL('T1 子类')
):=CALCULATE(
```

```
SUM('T3 销售 '[T3 销售册数 ]),
ALL('T1 子类 ')
)
```

上述两个 DAX 表达式的计算结果如下图所示。

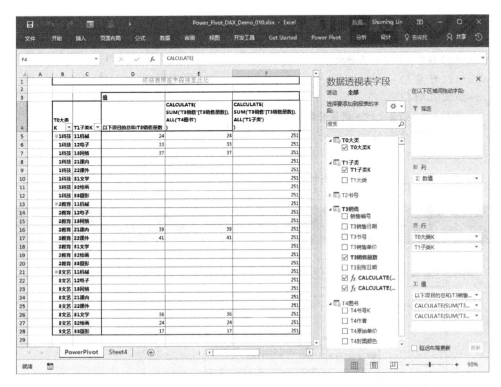

在第一个 DAX 表达式中，用 ALL('T4 图书 ') 移除了 Power Pivot 数据模型中其他表对"T3 销售"表的筛选限制。但在上图中的 Power Pivot 超级数据透视表布局中，在数据透视表筛选环境中并没有引入来自"T4 图书"表的相关筛选限制，因此汇总结果与简单的 SUM(销售册数) 并没有什么不同。

在第二个 DAX 表达式中，用 ALL('T1 子类 ') 在 Power Pivot 数据模型中移除了其他表对"T1 子类"表的筛选限制，相当于切断了 Power Pivot 数据模型中其他表与"T1 子类"表的关联关系，因此，即使"T0 大类"表中的"T0 大类 K"字段在 Power Pivot 超级数据透视表的行标题中（下图透视表中的第一列），也失去了对"T3 销售"表的筛选限制，因此其汇总结果都是 251。

观察下面两个 DAX 表达式。

```
1.CALCULATE(
SUM('T3 销售 '[T3 销售册数 ]),
```

```
ALL('T1 子类 '[T1 子类 K])
):=CALCULATE(
    SUM('T3 销售 '[T3 销售册数 ]),
    ALL('T1 子类 '[T1 子类 K])
)
```

```
5.CALCULATE(
SUM('T3 销售 '[T3 销售册数 ]),
ALL('T1 子类 ')
):=CALCULATE(
    SUM('T3 销售 '[T3 销售册数 ]),
    ALL('T1 子类 ')
)
```

上述两个 DAX 表达式的计算结果如下图所示。

我们看到，当 ALL() 函数的参数是表中的列时，当前表的上级表还能对该表进行部分筛选限制；当 ALL() 函数的参数是一个表时，当前表的上级表便失去了对该表的筛选限制。

至此，我们已经介绍了很多关于 ALL() 函数的知识，希望大家反复理解，形成自己的知识模型。

最后需要重复提示大家：当 ALL() 函数的参数为多列时，这些列必须来自同一个实体表；当 ALL() 函数的参数为一个表时，该表必须是 Power Pivot 数据模型中的实体表，不能是由 DAX 表达式计算生成的临时表；除此之外，ALL() 函数不能单独使用，通常将其嵌套于需要其计算结果的其他函数中。

4.4　直接筛选和交叉筛选

筛选和被筛选，这是个问题。例如，对于 T 表中的 C 列，我们可以直接在 C 列上设置筛选限制，也可以在 T 表中的其他列上，甚至在 T 表的上级表上设置筛选限制，使当前列 C 被筛选。

在某些情况下，我们在设计 DAX 表达式时，需要事先测试一下特定列的当前筛选状态，此时就用到了 ISFILTERED() 函数和 ISCROSSFILTERED() 函数。

4.4.1　直接筛选判定函数 ISFILTERED()

ISFILTERED() 函数的功能是测试在其参数指定的列上是否设置了直接筛选限制，其语法格式如下：

```
=ISFILTERED ( 被测试的列名称 )
```

如果该函数测试到在其参数指定的列上设置了直接筛选限制，则其计算结果为 TRUE；如果该函数测试到其参数指定的列上没有设置直接筛选限制，则其计算结果为 FALSE。如果表中的某列因为同一个表中的其他列上的筛选限制而造成当前列"被筛选"，或者在 Power Pivot 数据模型中，因为当前表上级表的筛选限制，引起当前列"被筛选"，则该函数返回 FALSE。因为这些情况不属于直接筛选，而是属于下一节要介绍的交叉筛选。

4.4.2　交叉筛选判定函数 ISCROSSFILTERED()

ISCROSSFILTERED() 函数的功能是测试其参数指定的列是否受到来自当前表

中的其他列或当前表在 Power Pivot 数据模型中的上级表的筛选影响，其语法格式如下：

```
=ISCROSSFILTERED ( 被测试的列名称 )
```

如果使用 ISCROSSFILTERED() 函数测试的列为 C 列，那么在以下三种情况下该函数的计算结果为 TRUE。

- 在 C 列上设置了筛选限制。
- 在与 C 列同处一个表的其他列上设置了筛选限制。
- 在 Power Pivot 数据模型中，在 C 列所在表的上级表上设置的筛选限制影响了 C 列。

值得注意的是，如果当前测试的列为 C 列，那么当 ISFILTERED(C 列) 的计算结果为 TRUE 时，ISCROSSFILTERED(C 列) 的计算结果一定也为 TRUE。也就是说，在当前列上设置筛选限制的同时将当前列交叉筛选了。

下面结合几个 DAX 表达式的案例来深入理解这两个 DAX 函数的用法。在此之前，我们再次回顾一下本书使用的 Power Pivot 数据模型，如下图所示。

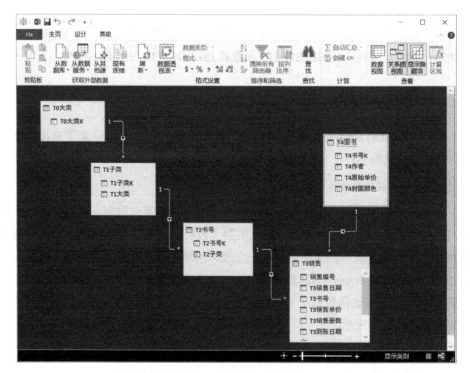

这个 Power Pivot 数据模型还可以用下图更形象地表示。

大类表	子类表	书号表	销售表	
			D1Z1S1X1	D1Z1S1销售1
示意图：一个表中的关键字能"套"出相关表中的所有相关记录		书号（Key）	D1Z1S1X2	D1Z1S1销售2
		D1Z1 D1Z1S1书号1 🔒		
		D1Z1 D1Z1S2书号2 🔒	D1Z1S2X1	D1Z1S2销售1
			D1Z1S2X2	D1Z1S2销售2
	子类（Key）	书号（Key）	D1Z2S1X1	D1Z2S1销售1
	D1 D1Z1子类1 🔒	D1Z2 D1Z2S1书号1 🔒	D1Z2S1X2	D1Z2S1销售2
	D1 D1Z2子类2 🔒	D1Z2 D1Z2S2书号2 🔒	D1Z2S1X3	D1Z2S1销售3
大类（Key）		D1Z2 D1Z2S3书号3 🔒		
大类D1 🔒			D1Z2S2X1	D1Z2S2销售1
大类D2 🔒			D1Z2S2X2	D1Z2S2销售2
			D1Z2S3X1	D1Z2S3销售1
代码含义	子类（Key）	书号（Key）	D2Z1S1X1	D2Z1S1销售1
D：大类	D2 D2Z1子类1 🔒	D2Z1 D2Z1S1书号1 🔒	D2Z1S1X2	D2Z1S1销售2
Z：子类	D2 D2Z2子类2 🔒			
S：书号		书号（Key）	D2Z2S1X1	D2Z2S1销售1
X：销售		D2Z2 D2Z2S1书号1 🔒		
Key：表示该列是关键字所在列		D2Z2 D2Z2S2书号2 🔒	D2Z2S2X1	D2Z2S2销售1
D1Z1S1X1：代表第1大类中的第1子类中的第1个书号的第1次销售			D2Z2S2X2	D2Z2S2销售2
			D2Z2S2X3	D2Z2S2销售3

我们使用 ISFILTERED() 函数和 ISCROSSFILTERED() 函数设计了如下五个 DAX 表达式。为了方便在 Power Pivot 超级数据透视表中进行对比，我们用 DAX 表达式本身作为其名称。

```
ISFILTERED('T1 子类 '[T1 大类 ]):=ISFILTERED(
    'T1 子类 '[T1 大类 ]
)
```

```
ISFILTERED('T1 子类 '[T1 子类 K]):=ISFILTERED(
    'T1 子类 '[T1 子类 K]
)
```

```
ISCROSSFILTERED('T1 子类 '[T1 大类 ]):=ISCROSSFILTERED(
    'T1 子类 '[T1 大类 ]
)
```

```
ISCROSSFILTERED('T1 子类 '[T1 子类 K]):=ISCROSSFILTERED(
    'T1 子类 '[T1 子类 K]
)
```

```
ISCROSSFILTERED('T3 销售 '[T3 书号 ]):=ISCROSSFILTERED(
    'T3 销售 '[T3 书号 ]
)
```

将上述五个 DAX 表达式拖曳至 Power Pivot 超级数据透视表值区域中，如下图所示。

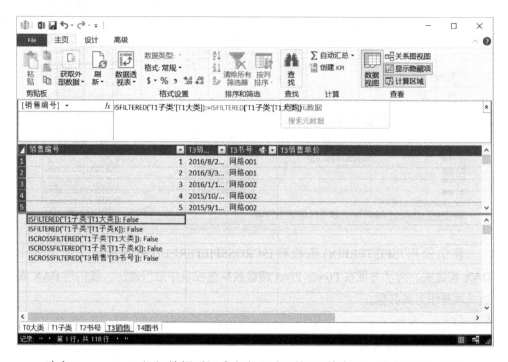

改变 Power Pivot 超级数据透视表行标题和列标题的布局，我们看到，在 Power Pivot 超级数据透视表布局发生变化时，这五个 DAX 表达式的计算结果也会随之发生变化。

提示：将 Power Pivot 数据模型中的某个表中的某个字段拖曳至 Power Pivot 超级数据透视表值区域以外的区域，相当于对该字段设置了直接筛选限制，此时 ISFILTERED(该字段) 的计算结果为 TRUE。

下面，将"T0 大类"表中的"T0 大类 K"字段拖曳至 Power Pivot 超级数据透视表的行标题中，在当前 Power Pivot 超级数据透视表布局下，五个 DAX 表达式的计算结果如下图所示。我们看到，两个 ISFILTERED() 函数的计算结果都是 FALSE，即在所测试的字段上没有设置直接筛选限制。三个 ISCROSSFILTERED() 函数的计算结果为 TRUE，这是因为"T0 大类"表中的"T0 大类 K"字段在 Power Pivot 超级数据透视表的行标题中，由于 Power Pivot 数据模型中的"一对多"表间关联关系，ISCROSSFILTERED() 函数所测试的三个字段被交叉筛选了。

在下面的 Power Pivot 超级数据透视表布局中，将"T1 子类"表中的"T1 大类"字段拖曳至 Power Pivot 超级数据透视表的行标题中，在新的 Power Pivot 超级数据透视表布局下，五个 DAX 表达式的计算结果如下图所示。这次，ISFILTERED('T1 子类 '[T1 大类]) 的计算结果变成了 TRUE，这是因为被测试的"T1 子类"表中的"T1 大类"字段在 Power Pivot 超级数据透视表的行标题中。

下面，将"T4 图书"表中的"T4 封面颜色"字段拖曳至 Power Pivot 超级数据透视表的行标题中，在新的 Power Pivot 超级数据透视表布局中，五个 DAX 表达式的计算结果如下图所示。此时，只有 ISCROSSFILTERED('T1 子类 '[T1 子类 K]) 的计算结果是 TRUE，因为在 Power Pivot 数据模型中，"T4 图书"表只与"T3 销售"表之间存在"一对多"关联关系，所以只有"T3 销售"表中的"T3 书号"字段被交叉筛选了。

	值				
T4封面颜色	ISFILTERED('T1子类'[T1大类])	ISFILTERED('T1子类'[T1子类K])	ISCROSSFILTERED('T1子类'[T1大类])	ISCROSSFILTERED('T1子类'[T1子类K])	ISCROSSFILTERED('T3销售'[T3书号])
橙	FALSE	FALSE	FALSE	FALSE	TRUE
紫	FALSE	FALSE	FALSE	FALSE	TRUE
绿	FALSE	FALSE	FALSE	FALSE	TRUE
蓝	FALSE	FALSE	FALSE	FALSE	TRUE
赤	FALSE	FALSE	FALSE	FALSE	TRUE
青	FALSE	FALSE	FALSE	FALSE	TRUE
黄	FALSE	FALSE	FALSE	FALSE	TRUE

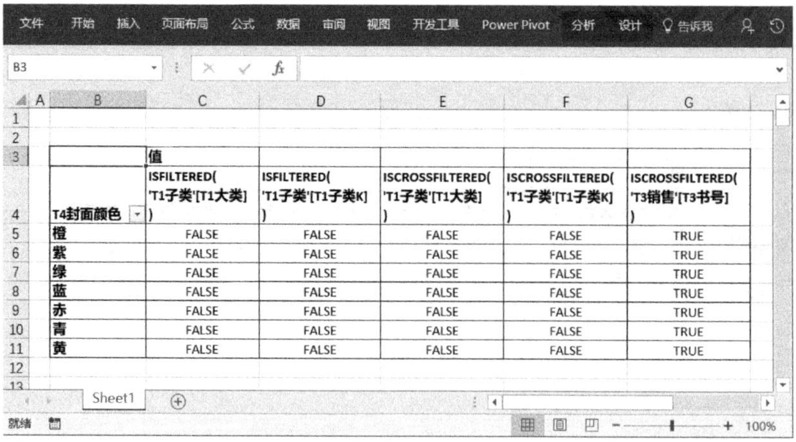

4.5 单一值判断函数 HASONEVALUE()

在当前数据透视表筛选环境下，计算每个图书子类的销售册数与“11 机械”图书子类的销售册数的比值。这个问题似乎很简单，我们可以轻松地写出如下 DAX 表达式：

```
DAX1:=SUM('T3 销售 '[T3 销售册数 ])/
    CALCULATE(SUM('T3 销售 '[T3 销售册数 ]),'T1 子类 '[T1 子类 K]="11 机械 ")
```

上述 DAX 表达式的计算结果如下图所示。

	值	
T1子类K	以下项目的总和:T3销售册数	DAX1
11机械	24	1
12电子	33	1.375
13网络	37	1.541666667
21课内	39	1.625
22课外	41	1.708333333
31文学	36	1.5
32绘画	24	1
33摄影	17	0.708333333
总计	251	10.4583333

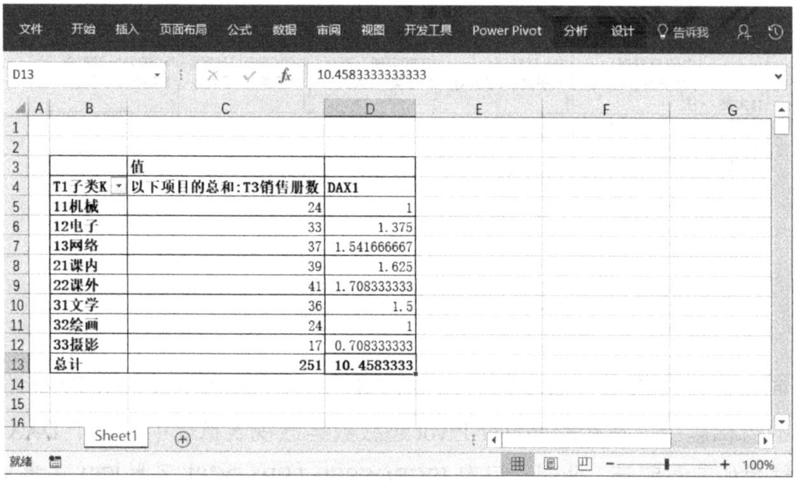

我们看到，在 Power Pivot 超级数据透视表中的 D13 单元格中的数值是 10.4583333，这个数值是所有图书子类的销售总册数与“11 机械”图书子类的销售册数的比值。虽然计算结果正确，却显得多余。为了避免让报告的使用者迷惑，我

们希望在这个位置不能有任何数值（显示为空值），应该怎么办呢？

我们知道，在上图中的 Power Pivot 超级数据透视表中，D13 单元格位置的汇总值是在移除了 Power Pivot 超级数据透视表行标题筛选限制后得到的，也就是说，这个位置的数值是所有行标题（不止一个行标题）上的汇总值。因此我们可以引入 DAX 中的 HASONEVALUE() 函数来解决上述问题，新的 DAX 表达式如下：

```
DAX2:=IF(
    HASONEVALUE('T1子类'[T1子类K]),
        SUM('T3销售'[T3销售册数])/
        CALCULATE(SUM('T3销售'[T3销售册数]),'T1子类'[T1子类K]="11机械"),
    BLANK()
)
```

HASONEVALUE(列标题名称) 与 COUNTROWS(VALUES(列标题名称)) = 1 是等效的，因此 DAX 表达式 "DAX2" 可以改写成如下格式：

```
DAX3:=IF(
    COUNTROWS(VALUES('T1子类'[T1子类K]))= 1,
    SUM('T3销售'[T3销售册数])/
    CALCULATE(SUM('T3销售'[T3销售册数]),'T1子类'[T1子类K]="11机械"),
    BLANK()
)
```

将 DAX 表达式 "DAX2" 和 DAX 表达式 "DAX3" 拖曳至 Power Pivot 超级数据透视表值区域中，其计算结果如下图所示。我们看到 DAX 表达式 "DAX2" 和 DAX 表达式 "DAX3" 的 "总计" 值已经为空了。

HASONEVALUE() 函数经常与 IF() 函数配合使用。在很多 DAX 表达式应用场景中，只有当 HASONEVALUE() 函数的计算结果为 TRUE，即 HASONEVALUE() 函数的计算结果是唯一值时，才可以进行下一步计算。

4.6　筛选叠加函数 KEEPFILTERS()

顾名思义，KEEPFILTERS() 函数可以保留已有的筛选限制。要想很好地理解 KEEPFILTERS() 函数，还得从 CALCULATE() 函数说起。

我们知道，CALCULATE() 函数和 CALCULATETABLE() 函数的第二个参数为筛选器参数，当筛选器参数为布尔表达式时，该布尔表达式的作用是先移除相关字段上的直接筛选限制，然后重新在该字段上设置该布尔表达式所规定的筛选限制。

所谓的布尔表达式参数，就是形如 [字段名]="XXXX" 的 CALCULATE() 函数的筛选器参数，等价于 FILTER(ALL([字段名]),[字段名]="XXXX")，该等价 DAX 表达式所起的作用就是前面所提到的，先移除指定字段上的直接筛选限制，重新在该字段上设置该布尔表达式所规定的筛选限制。

换句话说，当我们用形如 [字段名]="XXXX" 的 DAX 表达式作为 CALCULATE() 函数的筛选器参数时，其实它就是 DAX 表达式 FILTER(ALL([字段名]),[字段名]="XXXX") 的简单写法而已。

举个例子，有如下 DAX 表达式 "DX1"，该 DAX 表达式的设计目的是计算 "21 课内" 图书子类的销售册数。该 DAX 表达式首先移除了 "T1 子类 K" 字段上的直接筛选限制，然后重新设置该字段上的筛选限制为 "21 课内"。

```
DX1:=CALCULATE(
    SUM('T3 销售 '[T3 销售册数 ]),
    'T1 子类 '[T1 子类 K]="21 课内 "
)
```

将上述 DAX 表达式拖曳至 Power Pivot 超级数据透视表值区域中，其计算结果如下图所示。我们看到，上述 DAX 表达式中的 CALCULATE() 函数的筛选器参数 'T1 子类 '[T1 子类 K]="21 课内 " 移除了 "T1 子类" 表中的 "T1 子类 K" 字段上的筛选限制，并且重新设置该字段上的筛选限制为 "21 课内"。此外，这些图书按照封面颜色分别显示在不同的列，并且每列中的数值都相同。

那么，如何保留 Power Pivot 超级数据透视表行标题中对"T1 子类 K"字段的筛选限制，同时增加一个 'T1 子类 '[T1 子类 K]="21 课内 " 的筛选限制呢？只需在筛选限制 'T1 子类 '[T1 子类 K]="21 课内 " 外面包裹一个 KEEPFILTERS() 函数，修改后的 DAX 表达式如下：

```
DX2:=CALCULATE(
    SUM('T3 销售 '[T3 销售册数 ]),
    KEEPFILTERS('T1 子类 '[T1 子类 K]="21 课内 ")
)
```

KEEPFILTERS() 函数的作用：在保留 CALCULATE() 函数所处的数据透视表筛选环境的前提下，增加一个新的筛选限制；而不是像 CALCULATE() 函数的布尔表达式筛选器参数那样，完全移除指定字段上原有的筛选限制，再重新在该字段上设置新的筛选限制。

将 DAX 表达式"DX2"拖曳至 Power Pivot 超级数据透视表值区域中，其计算结果如下图所示。

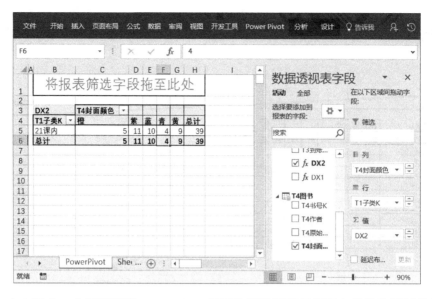

在上图中，在保留原有 Power Pivot 超级数据透视表行标题上的筛选限制的前提下，增加了新的筛选限制，从而实现了指定字段上两个筛选限制的叠加，而不是移除原有筛选限制再重新设置。由于只有"21课内"图书子类同时满足双重筛选限制，因此在 Power Pivot 超级数据透视表中只有"21课内"图书子类的数据能够保留下来。

下面，将 DAX 表达式"DX1"和 DAX 表达式"DX2"同时拖曳至 Power Pivot 超级数据透视表值区域中，以便进行对比分析，如下图所示。注意观察 DAX 表达式"DX2"的计算结果。

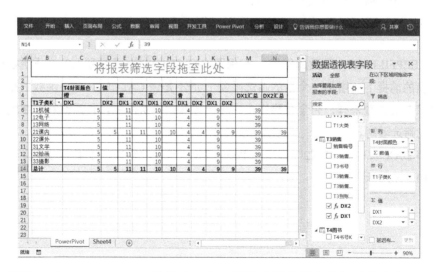

总结：在 CALCULATE() 函数中，如果其筛选器参数为布尔型表达式，则该布尔型表达式筛选器参数的默认功能是复位清除并重新设置指定字段上的筛选限制，

但是如果在该布尔型表达式筛选器参数外边包裹一个 KEEPFILTERS() 函数，那么包裹有 KEEPFILTERS() 函数的筛选器参数的功能就变成了在保留原有筛选限制的前提下增加新的筛选限制。

4.7　有点难度的 ALLSELECTED() 函数

ALLSELECTED() 函数的作用可以简单理解为移除指定字段在 Power Pivot 超级数据透视表行标题和列标题中可见条目（ITEM）上的筛选限制。

ALLSELECTED() 函数是 DAX 函数中比较令人费解的一个，为了掌握 ALLSELECTED() 函数，我们将 ALLSELECTED() 函数与 ALL() 函数进行对比研究。

我们知道，ALL() 函数的功能是移除指定列（当参数为列时）或表（当参数为表时）在 Power Pivot 数据模型中的筛选限制，如下面的含有 ALL() 函数的 DAX 表达式：

```
ALL([T1 子类 K]):=CALCULATE(
    SUM('T3 销售 '[T3 销售册数 ]),
    ALL('T1 子类 '[T1 子类 K])
)
```

上述 DAX 表达式的功能：在 Power Pivot 数据模型中，计算在移除"T1 子类 K"字段的筛选限制后各图书子类的销售册数，其计算结果如下图所示。在下图中的 Power Pivot 超级数据透视表中，除了将 Power Pivot 数据模型中"T1 子类"表中的"T1 子类 K"字段作为 Power Pivot 超级数据透视表行标题字段，还将该字段作为切片器字段。

在上图中我们看到，在 Power Pivot 超级数据透视表中的行标题和切片器中，虽然都对"T1 子类 K"字段设置了筛选限制，但因为在上述 DAX 表达式中，我们已经用 ALL('T1 子类 '[T1 子类 K]) 移除了"T1 子类 K"字段在 Power Pivot 数据模型中的筛选限制，因此该 DAX 表达式对应的值字段的计算结果都是一样的，都是全部图书的销售总册数 251，这和我们对 ALL() 函数的预期结果一致。

现在，我们设计另一个 DAX 表达式，该 DAX 表达式的结构与上述 DAX 表达式相同，只是将上述 DAX 表达式中的 ALL() 函数替换为 ALLSELECTED() 函数。

```
ALLSELECTED([T1 子类 K]):=CALCULATE(
    SUM('T3 销售 '[T3 销售册数 ]),
    ALLSELECTED('T1 子类 '[T1 子类 K])
)
```

将上述 DAX 表达式也拖曳至 Power Pivot 超级数据透视表值区域中，并且对切片器进行如下图所示的设置，我们看到，DAX 表达式"ALLSELECTED([T1 子类 K])"与 DAX 表达式 ALL([T1 子类 K]) 的计算结果完全不同。

观察上图我们发现，ALL() 函数的作用是简单地移除指定字段在 Power Pivot 超级数据透视表筛选环境中的筛选限制。在 ALL() 函数对应的 DAX 表达式中，移除了"T1 子类"表中的"T1 子类 K"字段在 Power Pivot 超级数据透视表筛选环境中的筛选限制，因此，即使我们在切片器字段及 Power Pivot 超级数据透视表行标题字段上对"T1 子类 K"字段设置了筛选限制，但因为我们用 ALL('T1 子类 '[T1 子类 K]) 移除了该字段在数据透视表筛选环境中的筛选限制，所以在没有其他字段筛选限制的影响下，对应的数据透视表值区域中所有行的计算结果也是一样的，即 251。

ALLSELECTED() 函数与 ALL() 函数的功能不同。ALLSELECTED() 函数只移除

其参数指定字段在 Power Pivot 超级数据透视表行标题或列标题中正在显示的具体条目的筛选限制，而保留数据透视表其他筛选位置（如切片器、行标题、列标题、筛选字段等）上的筛选限制。

在上图中，由于 ALLSELECTED() 函数的作用，Power Pivot 保留了切片器上的筛选限制。我们从 Power Pivot 数据源中可以验证，切片器上所选择的"11 机械""21 课内""31 文学"三个图书子类的销售总册数是 99 册，ALLSELECTED('T1 子类 '[T1 子类 K]) 移除了 Power Pivot 超级数据透视表行标题"T1 子类 K"上正在显示的条目（11 机械、21 课内、31 文学）所对应的筛选限制，所以三行显示的都是 99。

作为对比，Power Pivot 超级数据透视表值区域左侧的 ALL() 函数的筛选器参数 ALL('T1 子类 '[T1 子类 K]) 移除了该字段上的所有筛选限制，因此无论该字段上的筛选限制来自哪里，计算结果都是 251。

为了再次验证上面的结论，我们将 Power Pivot 超级数据透视表切片器设置为另一组条件："11 机械""12 电子""13 网络""31 文学"，计算结果如下图所示。查看 Power Pivot 数据源可知，四个图书子类的销售总册数为 130 册。ALLSELECTED() 函数对应的 DAX 表达式中的 ALLSELECTED('T1 子类 '[T1 子类 K]) 保留了切片器上对"T1 子类 K"字段的筛选限制，同时移除了 Power Pivot 超级数据透视表行标题上正在显示的条目的筛选限制，因此，该列每行对应的值都是 130。ALL() 函数对应的 DAX 表达式则完全移除了"T1 子类 K"字段在数据透视表所有位置上的筛选限制，因此，该列每行对应的值都是 251。

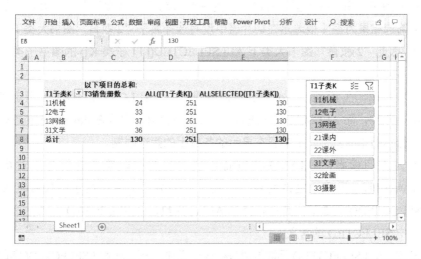

现在，我们将"T0 大类 K"字段也拖曳至 Power Pivot 超级数据透视表行标题中，计算结果如下图所示。

我们知道，ALLSELECTED(T1 子类 '[T1 子类 K]) 移除的只是由 ALLSELECTED() 函数参数指定的"T1 子类"表中的"T1 子类 K"字段在 Power Pivot 超级数据透视表行标题（或列标题）中所显示的条目的筛选限制。现在，因为在 Power Pivot 超级数据透视表行标题上增加了 ALLSELECTED() 函数指定参数以外的"T0 大类 K"字段，该行标题字段不属于 ALLSELECTED() 函数参数指定的字段，因此，它起着正常的筛选作用。我们看到，在 ALLSELECTED([T1 子类 K]) 的作用下，每个图书大类下的图书子类只显示该图书大类下正在显示的图书子类的销售总册数。

在上图中，由于在当前切片器设置的筛选限制下，"2 教育"图书大类下的图书子类的筛选结果为空（根源是在切片器中没有选择属于"2 教育"图书大类下的图书子类），因此"2 教育"图书大类下 ALLSELECTED([T1 子类 K]) 的图书子类数值为空值。

再次强调，在 Power Pivot 超级数据透视表中，ALL() 函数移除的是指定字段的所有筛选限制，而 ALLSELECTED() 函数只能移除指定字段在 Power Pivot 超级数据透视表行标题（或列标题）中正在显示的条目上的筛选限制。

作为入门读者，ALLSELECTED() 函数的功能可以简单理解为只对指定字段在 Power Pivot 超级数据透视表行标题（或列标题）中所显示的条目求 ALL()。ALLSELECTED() 函数其实是有选择的 ALL() 函数，即 SELECTED-ALL，这就是函数名称中 SELECTED 的含义。

其实，ALLSELECTED() 函数的语法格式有三种，分别为 ALLSELECTED(字段名)、ALLSELECTED(表名)、ALLSELECTED(空参数)，最常用的是 ALLSELECTED(字

段名)。本书作为 DAX 表达式入门书，只介绍 ALLSELECTED(字段名) 这种用法。

在 ALLSELECTED(字段名) 中，字段名必须是 Power Pivot 数据模型中已有表中真实存在的字段名，不可以是计算结果为字段的 DAX 表达式。

为了便于理解，我们将数据透视表的默认汇总、ALLSELECTED() 汇总和 ALL() 汇总放在一起进行对比。其中默认汇总是直接将 "T3 销售册数" 字段拖曳至 Power Pivot 超级数据透视表值区域中进行计算，名称为 "以下项目的总和 :T3 销售册数"，ALLSELECTED() 汇总和 ALL() 汇总对应的 DAX 表达式分别如下：

```
ALL([T1子类K]):=CALCULATE(
    SUM('T3销售'[T3销售册数]),
    ALL('T1子类'[T1子类K])
)
```

```
ALLSELECTED([T1子类K]):=CALCULATE(
    SUM('T3销售'[T3销售册数]),
    ALLSELECTED('T1子类'[T1子类K])
)
```

默认汇总、ALLSELECTED() 汇总和 ALL() 汇总的计算结果如下图所示。

注意，默认汇总 "以下项目的总和 :T3 销售册数" 中的空值是 Power Pivot 为了能够在数据透视表中显示 DAX 表达式 "ALL([T1 子类 K])" 和 DAX 表达式 "ALLSELECTED([T1 子类 K])" 而自动布局的，如果值区域中只有默认汇总，则不会出现这些空值。

4.8　ALLSELECTED() 函数的应用

ALLSELECTED() 函数通常用作 DAX 占比计算的分母，本节通过对 ALLSELECTED() 函数与 ALL() 函数进行对比来讲解。

在下图中，我们在 Power Pivot 超级数据透视表中使用了以下两个 DAX 表达式，分别与 ALL() 函数和 ALLSELECTED() 函数有关。为了计算占比，在这两个函数中引入了 DIVIDE() 函数。为了看起来符合习惯，我们在数据透视表中将占比计算结果的显示格式设置成了百分比。

```
ALL([T1子类K]) 占比 :=DIVIDE(
    SUM('T3销售 '[T3销售册数 ]),
    CALCULATE(
        SUM('T3销售 '[T3销售册数 ]),
        ALL('T1子类 '[T1子类 K])
    )
)
```

```
ALLSELECTED([T1子类K]) 占比 :=DIVIDE(
    SUM('T3销售 '[T3销售册数 ]),
    CALCULATE(
        SUM('T3销售 '[T3销售册数 ]),
        ALLSELECTED('T1子类 '[T1子类 K])
    )
)
```

上述两个 DAX 表达式的计算结果如下图所示。

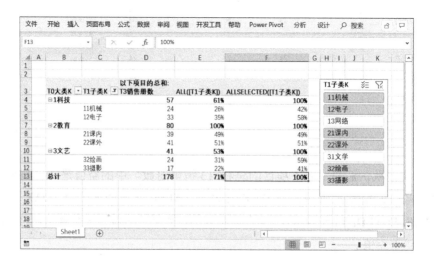

在上图中的 Power Pivot 超级数据透视表布局中，观察第四行"1 科技"图书大类的占比百分数，我们发现，在 Power Pivot 超级数据透视表的切片器中，"1 科技"图书大类中有三个图书子类（分别为"11 机械"、"12 电子"和"13 网络"），我们只选择了其中两个图书子类（"11 机械"和"12 电子"）。ALL() 函数的计算结果是61%，ALLSELECTED() 函数的计算结果是100%，这两个百分数分别是"11 机械"图书子类和"12 电子"图书子类的占比百分数的和。

接下来观察"1 科技"图书大类下的两个图书子类的数值，以"11 机械"图书子类为例。我们看到 ALL() 函数对应的值为26%，ALLSELECTED() 函数对应的值为42%。这两个数值不同是因为作为 DAX 表达式分母的 ALL() 函数和ALLSELECTED() 函数的计算结果不同。

ALL() 函数的分母是移除"T1 子类 K"字段上所有筛选限制的计算结果，而ALLSELECTED() 函数的分母只是移除了 Power Pivot 超级数据透视表行标题上"T1 子类 K"字段筛选限制而保留其他筛选限制（如这里的切片器筛选限制）的计算结果。

由于 ALLSELECTED() 函数只移除了 Power Pivot 超级数据透视表行标题中正在显示的图书子类的筛选限制，因此在 ALLSELECTED() 函数的作用下，我们看到"11 机械"图书子类和"12 电子"图书子类的占比加起来正好是100%，该计算方法相比于在 ALL() 函数的作用下"11 机械"图书子类和"12 电子"图书子类的占比之和为61%，更符合我们阅读数据分析报告的习惯。

4.9 在 DAX 表达式中使用 VAR 变量技术

与 Excel 工作表函数相比，DAX 表达式有一个特点：可以在 DAX 表达式中使用 VAR 变量技术。也就是说，可以将特定数据透视表筛选环境下的 DAX 运算逻辑事先存储于 VAR 变量中，然后在需要时调用它，使复杂的 DAX 表达式变得更容易设计和理解。

使用了 VAR 变量技术的 DAX 表达式的语法格式如下：

```
度量值名称:= VAR 变量名1 = DAX 表达式1
          VAR 变量名2 = DAX 表达式2
      RETURN
      使用了变量名1和变量名2的 DAX 表达式
```

这里的关键字 VAR 表示我们将在 DAX 表达式中创建一个变量，然后给变量取一个名字，变量名后面是一个等号，等号后面是变量名所代表的 DAX 表达式。

在 VAR 变量创建好后，我们就可以在 DAX 表达式中使用 VAR 变量了。使用了

VAR 变量的 DAX 表达式必须放在 DAX 关键字 RETURN 后面。

变量的使用可以使复杂的 DAX 表达式变得层次清晰，更容易使人理解。变量既可以是数值型变量（变量计算结果为数值），也可以是表型变量（变量计算结果为表），表型变量可以应用于需要表型参数的 DAX 表达式中。

观察下面的 DAX 表达式，该 DAX 表达式的设计目的：在当前数据透视表筛选环境下，计算销售总金额不低于 1000 元的图书子类的销售总金额，也就是说，只有销售金额大于或等于 1000 元的图书子类的销售金额才有资格汇总到图书销售总金额中，对于其他图书子类，即使有销售发生，也被忽略。设计这个 DAX 表达式的初步思路：在当前数据透视表筛选环境下，对图书子类进行筛选，只保留销售金额大于或等于 1000 元的图书子类，然后只对满足筛选条件的图书子类的销售金额进行汇总，最终的 DAX 表达式如下：

```
特定子类销售额 3:=
VAR myFilter=FILTER(
    'T1 子类 ',
    CALCULATE(SUMX('T3 销售 ','T3 销售 '[T3 销售册数 ]*'T3 销售 '[T3 销售单
价 ]))>=1000
)
RETURN
CALCULATE(SUMX('T3 销售 ','T3 销售 '[T3 销售册数 ]*'T3 销售 '[T3 销售单价 ]),
myFilter)
```

上述 DAX 表达式的计算结果如下图所示。根据下图可知，满足筛选条件的图书子类的销售总金额为 4841 元。

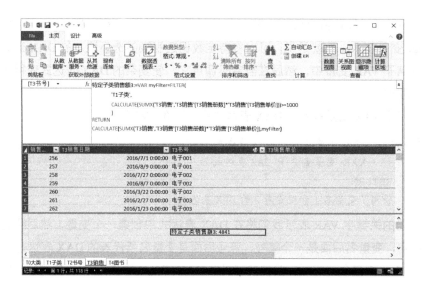

为了使该 DAX 表达式更容易理解，我们采用了 VAR 变量技术。首先，将在当前数据透视表筛选条件下对图书子类的筛选结果存储于名为 myFilter 的变量中。

```
VAR myFilter=FILTER(
    'T1 子类 ',
    CALCULATE(SUMX('T3 销售 ','T3 销售 '[T3 销售册数 ]*'T3 销售 '[T3 销售单
价 ]))>=1000
)
```

该变量的作用是在 "T1 子类" 表中筛选出销售金额大于或等于 1000 元的图书子类。该 DAX 表达式的计算结果是一个对 "T1 子类" 表进行筛选后满足筛选条件的子表，将该 DAX 表达式存储于变量 myFilter 中，就可以在需要时调用它了。

```
RETURN
CALCULATE(SUMX('T3 销售 ','T3 销售 '[T3 销售册数 ]*'T3 销售 '[T3 销售单价 ]),
myFilter)
```

关键字 RETURN 之后的 DAX 表达式的含义：在变量 myFilter 限定的筛选条件下计算图书销售总金额。由于 myFilter 变量的计算结果是一个符合特定筛选条件的子表，因此，myFilter 变量可以称为表型变量。将以上两部分 DAX 表达式组成一个完整的 DAX 表达式：

```
特定子类销售额 3:=
VAR myFilter=FILTER(
    'T1 子类 ',
    CALCULATE(SUMX('T3 销售 ','T3 销售 '[T3 销售册数 ]*'T3 销售 '[T3 销售单
价 ]))>=1000
)
RETURN
CALCULATE(SUMX('T3 销售 ','T3 销售 '[T3 销售册数 ]*'T3 销售 '[T3 销售单价 ]),
myFilter)
```

通过以上分析，我们发现，采用了变量技术的 DAX 表达式更容易阅读和理解，特别是当 DAX 表达式的逻辑较为复杂时，这个优点更为明显。

关于 DAX 表达式中 VAR 变量技术的使用，我们需要注意以下几点：

- 每个变量都在关键字 RETURN 出现之前执行。
- 由于变量通常是一个 DAX 表达式，因此变量中还可以引用其他变量。
- 变量在其被定义位置所处的数据透视表筛选环境中执行并存储。
- 变量可以在 DAX 表达式中重复使用，这也是定义变量的优点之一。

变量一旦被赋值，其值在 RETURN 后的计算中就会一直保持不变。因此，在数

据透视表值区域中的单元格中的 DAX 表达式中，变量更类似一个常量。

在复杂的 DAX 表达式中使用 VAR 变量技术的优点有以下几点：

- 将复杂的 DAX 分步完成，容易检查错误。
- 使 DAX 表达式容易阅读。
- 变量可以在 DAX 表达式中重复使用。

下面通过一个稍微复杂的 DAX 表达式介绍 VAR 变量技术的使用，同时介绍一个新的 DAX 逐行处理函数 MAXX()。

我们曾经说过，DAX 中的逐行处理函数大部分是以 X 结尾的，如 SUMX() 函数、RANKX() 函数、CONCATENATEX() 函数等，这里我们要介绍的 MAXX() 函数也是其中之一。

作为对以前知识的回顾，逐行处理函数的语法结构如下：

```
= 逐行处理函数名称 (
    将被逐行处理的表,
    针对表中每行进行运算的 DAX 表达式
)
```

MAXX() 函数的功能：对指定的表进行逐行处理，找出所有逐行处理计算结果中最大的值，其语法结构与 SUMX() 函数类似。

为了计算销售册数最多的图书子类的销售册数，我们设计了如下 DAX 表达式。该 DAX 表达式的工作原理：对"T1 子类"表中的每行（每个图书子类）进行逐行处理，针对表中每行所确定的图书子类，到"T3 销售"表中查看该图书子类的销售册数。就这样，对"T1 子类"表进行逐行处理，得到"T1 子类"表中每个图书子类的销售册数，最后，取得这些图书子类销售册数中的最大值。

```
度量值 1:=MAXX(
    ALL('T1 子类'),
    CALCULATE(SUM('T3 销售'[T3 销售册数])))
)
```

在上述 DAX 表达式的第一个参数中，我们在"T1 子类"表的名称外面包裹了一个 ALL() 函数，其目的是在 Power Pivot 超级数据透视表中，移除"T1 子类"表的上级表（"T0 大类"表）对"T1 子类"表的筛选影响。该 DAX 表达式的计算结果如下图所示。

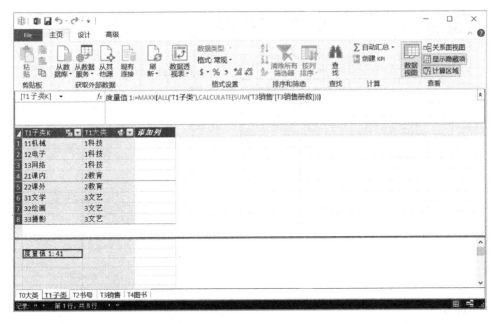

根据上图可知，在所有图书子类中，销售册数最多的图书子类的销售册数是41册，但具体是哪个图书子类，该 DAX 表达式并不能告诉我们。那么销售册数最多的图书子类是哪一个呢？针对这个问题，我们列出了如下 DAX 表达式。注意，在该 DAX 表达式中，我们使用了 VAR 变量技术。

```
DAX1:=VAR    MyZLMax=MAXX(
             ALL('T1子类'),
             CALCULATE(SUM('T3销售'[T3销售册数]))
             )
      RETURN
      CONCATENATEX(
      FILTER('T1子类',CALCULATE(SUM('T3销售'[T3销售册数]))=MyZLMax),
      'T1子类'[T1子类K],",")
      )
```

上述 DAX 表达式"DAX1"的计算结果如下图所示。

根据上图可知，销售册数最多的图书子类是"22课外"图书子类，共销售了41册。上图中的"以下项目的总和:T3 销售册数"字段是将 Power Pivot 数据模型中的"T3 销售册数"字段拖曳至 Power Pivot 超级数据透视表值区域中的默认求和结果。

在上述 DAX 表达式中，先用 MAXX() 函数计算出所有图书子类中销售册数最多的图书子类的销售册数，并且将该数值存储于变量 MyZLMax 中，然后用 FILTER() 函数筛选出销售册数为 MyZLMax 的图书子类的名称（销售册数为 MyZLMax 的图书子类可能有多个，因为最大销售册数有可能并列第一），最后用 CONCATENATEX() 函数将满足筛选条件的图书子类名称连接在一起。这里之所以使用 CONCATENATEX() 函数，是因为最大销售册数可能存在并列第一的情况，在这种情况下，CONCATENATEX() 函数可以将满足筛选条件的图书子类名称连接成一个用逗号分隔的字符串并显示出来。

我们曾经学过 RELATED() 函数和 RELATEDTABLE() 函数，下面简单回顾一下这两个函数的作用。

在 Power Pivot 数据模型中，如果两个表之间存在"一对多"关系，则 RELATED() 函数一般在"多"端表中使用，用于将"一"端表中的相关数据提取到"多"端表中，其功能类似于 Excel 工作表函数中的 VLOOKUP() 函数；而 RELATEDTABLE() 函数一般在"一"端表中使用，用于将"多"端表中的数据提取到"一"端表中，然后借助 SUM()、COUNTROWS() 等汇总函数将多行数据汇总为一个值。对于逐行处理函数，如果在其应用中涉及"一对多"表间关联关系，那么我们也可以借助 RELATEDTABLE() 函数将"多"端表中的数据提取到"一"端表中的对应行中进行汇总操作。例如，在所有图书子类中，计算销售册数最多的图书子类的销售册数是多少，借助 RELATEDTABLE() 函数，我们也可以设计如下 DAX 表达式。

```
DAX2:=MAXX(
    ALL('T1子类'),
    SUMX(RELATEDTABLE('T3销售'),'T3销售'[T3销售册数])
)
```

在上述 DAX 表达式中，因为 MAXX() 函数是逐行处理函数，所以 RELATEDTABLE() 函数会将 ALL('T1子类') 中的每行对应的销售数据提取出来，得到"T3销售"表的一个子集，然后使用 SUMX() 函数汇总相应的销售册数，最后使用 MAXX() 函数计算出所有图书子类销售册数的最大值。

根据以上分析，DAX 表达式"DAX1"也可以写成如下 DAX 表达式。

```
DAX3:=VAR    MyZLMax=MAXX(
             ALL('T1子类'),
             SUMX(RELATEDTABLE('T3销售'),'T3销售'[T3销售册数])
             )
      RETURN
      CONCATENATEX(
             FILTER('T1子类',CALCULATE(SUM('T3销售'[T3销售册数]))=
MyZLMax),
             'T1子类'[T1子类K],","
             )
```

第 **5** 章

日期表与日期智能函数

在工作中免不了分析与日期相关的各种问题，如常见的同比、环比、WTD（Week to Date，周初至当前）、MTD（Month to Date，月初至当前）、YTD（Year to Date，年初至当前）等。Power Pivot 处理这方面问题绝对是强项。

在讲解 DAX 中的日期智能函数之前，我们先浏览一下 DAX 中的日期智能函数列表，大致了解一下 Power Pivot 在日期相关的计算方面能帮我们做什么。这些函数的名称很直观，我们可以根据名称大致了解它们的功能。

- CLOSINGBALANCEMONTH() 函数。
- CLOSINGBALANCEQUARTER() 函数。
- CLOSINGBALANCEYEAR() 函数。
- DATESINPERIOD() 函数。
- DATESBETWEEN() 函数。
- DATEADD() 函数。
- FIRSTDATE () 函数。
- LASTDATE () 函数。
- LASTNONBLANK () 函数。
- STARTOFMONTH() 函数。
- STARTOFQUARTER() 函数。
- STARTOFYEAR() 函数。
- ENDOFMONTH() 函数。
- ENDOFQUARTER() 函数。

- ENDOFYEAR() 函数。
- PARALLELPERIOD() 函数。
- PREVIOUSDAY() 函数。
- PREVIOUSMONTH() 函数。
- PREVIOUSQUARTER() 函数。
- PREVIOUSYEAR() 函数。
- NEXTDAY() 函数。
- NEXTMONTH() 函数。
- NEXTQUARTER () 函数。
- NEXTYEAR() 函数。
- DATESMTD() 函数。
- DATESQTD () 函数。
- DATESYTD () 函数。
- SAMEPERIODLASTYEAR() 函数。
- OPENINGBALANCEMONTH() 函数。
- OPENINGBALANCEQUARTER() 函数。
- OPENINGBALANCEYEAR() 函数。
- TOTALMTD() 函数。
- TOTALQTD() 函数。
- TOTALYTD() 函数。

本节只是粗略地浏览一下 DAX 中都有哪些日期智能函数，接下来我们会结合 Power Pivot 数据模型，系统地讲解一些重要的日期智能函数的使用方法。必须强调，日期智能函数的使用离不开数据模型。

5.1　日期表：标记与自动生成

前面我们已经粗略地浏览了 DAX 中的日期智能函数，这些函数与 Excel 工作表函数类似，大部分根据函数名称就能判断出它的功能。

但是，与 Excel 工作表中的日期函数完全不同，DAX 中的大多数日期智能函数必须借助一个叫作"日期表"的表才能发挥它们的最大作用。

简单地概括 Power Pivot 的工作原理，其实就是"数据建模，数据筛选，数据汇总"。在 Power Pivot 超级数据透视表中，对日期进行计算和分析，需要以日期为筛选条件，对 Power Pivot 数据模型中的其他表进行筛选，最后对筛选结果进行汇总。

由于日期问题需要以日期为筛选条件，因此在 Power Pivot 数据分析实践中，为了在日期相关问题方面的处理更加准确和灵活，通常需要在 Power Pivot 数据模型中增加一个单独的日期表（在 Power Pivot 数据模型中原本没有的情况下）。

除了普通日期表外，大多数企业都有企业专用的自定义日历。在企业专用的自定义日历中，可以定义哪些日期是公司的专属假日，哪些日期是公司的专属结账日，哪些日期是公司厂务设施维护日，等等。

我们可以建立一个本公司专属的日期表，将公司的特殊日期添加到 Power Pivot 数据模型中，并且在 Power Pivot 数据模型中标记该表为日期表，如下图所示。

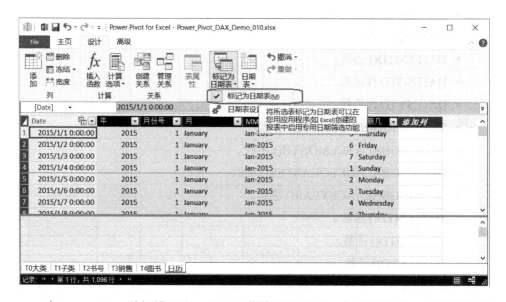

在 Power Pivot 数据模型中，建立日期表并不复杂，但必须注意：日期表的日期范围必须涵盖 Power Pivot 数据模型中各个表中的日期列的日期范围。例如，在 Power Pivot 数据模型中所有包含日期的表中，最早的日期是 A，最晚的日期是 B，那么新建立的日期表必须至少包含 A 到 B 的连续日期。

很多公司都有已经制作好的日期表，将其导入 Power Pivot 数据模型中，然后在 Power Pivot 数据模型管理界面选择"设计"→"日历"→"标记为日期表"命令，将其标记为日期表就可以使用了。

如果你的公司没有自己的日期表，那么你可以利用 Power Pivot 自动生成一个。在 Power Pivot 数据模型中，新建日期表的方法如下：在 Power Pivot 数据模型管理界面选择"设计"→"日历"→"日期表"→"新建"命令，Power Pivot 就会根据数据模型自动生成一个叫作"日历"的基础日期表，如下图所示。

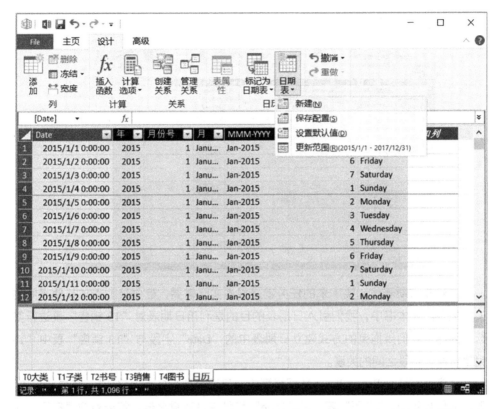

在建立基础日期表后，我们就可以在基础日期表中添加自定义列了。例如，添加自定义列，表明哪天是公司的专属假日，哪天是公司的专属结账日，哪天是公司厂务设施维护日，等等。

Power Pivot 自动生成的日期表能够自动计算在 Power Pivot 数据模型中，各个表中的所有日期列中的最小年份和最大年份，然后生成一个从最小年份的第一天到最大年份最后一天，并且包含每天的日期表。

在该日期表中，除了第一列的日期是真正的实体数据外，其他几列（年、月份号、月、MMM-YYYY、星期几编号、星期几）均是 Power Pivot 用计算列的方式自动生成的。当然我们还可以根据需要，添加自定义计算列，甚至基于该日期表进行其他自定义修改。

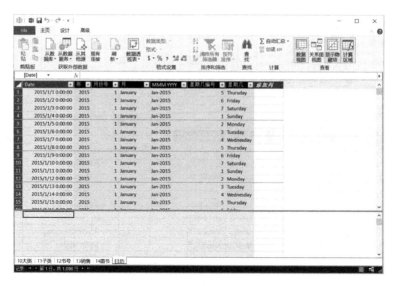

在建立日期表后，接下来的任务就是根据实际需要，建立日期表与其他表间的关联关系。在本书中，我们引入日期表的目的是利用日期表对"T3 销售"表进行筛选，因此，我们用拖曳的方式建立日期表中的"Date"字段与"T3 销售"表中"T3销售日期"字段之间的关联。

注意，在这个 Power Pivot 数据模型中，日期表被命名为"日历"。查看"日历"表，我们会看到，"日历"表中的"Date"字段中没有重复值，每天对应"日历"表中的一行；而"T3 销售"表中的"T3 销售日期"字段中可能含有重复值，即同一天可能有多条销售记录。由此可见，"日历"表和"T3 销售"表是典型的"一对多"关系。因此，在 Power Pivot 数据模型中，在"日历"表与"T3 销售"表之间建立如下图所示的表间关联关系。

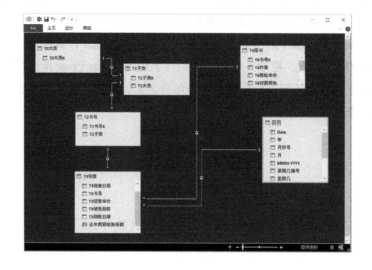

在有了"日历"表后，结合 DAX 中丰富的日期智能函数，我们就可以利用"日历"表对"T3 销售"表进行各种日期相关的计算和分析了。

5.2 DAX 中的日期智能函数

在有了日期表后，我们就可以深入研究 DAX 中的日期智能函数了。在 Power Pivot 数据模型中，日期智能函数通常是依赖日期表发挥作用的。

日期智能函数主要用于与日期有关的数据分析，非常灵活和强大。虽然日期智能函数数量很多，但绝大多数日期智能函数根据名称就可以大致知道它们的功能，而且许多日期智能函数是按照功能分组的，如下面这些函数：

- DATE 函数：DATEADD()。
- DATES 函数：DATESBETWEEN()、DATESINPERIOD()。
- DATES-TD 函数：DATESMTD()、DATESQTD()、DATESYTD()。
- START 函数：STARTOFMONTH()、STARTOFQUARTER()、STARTOFYEAR()。
- END 函数：ENDOFMONTH()、ENDOFQUARTER()、ENDOFYEAR()。
- FIRST 函数：FIRSTDATE()、FIRSTNONBLANK()、LASTNONBLANK()、LASTDATE()。
- PREVIOUS 函数：PREVIOUSDAY()、PREVIOUSMONTH()、PREVIOUSYEAR()、PREVIOUSQUARTER()。
- NEXT 函数：NEXTDAY()、NEXTMONTH()、NEXTQUARTER()、NEXTYEAR()。
- PERIOD 函数：PARALLELPERIOD()、SAMEPERIODLASTYEAR()。
- TOTAL-TD 函数：TOTALMTD()、TOTALQTD()、TOTALYTD()。
- BALANCE 函数：CLOSINGBALANCEMONTH()、CLOSINGBALANCEYEAR()、CLOSINGBALANCEQUARTER()。
- OPENING 函数：OPENINGBALANCEMONTH()、OPENINGBALANCEYEAR()、OPENINGBALANCEQUARTER()。

在本书中，我们不打算对每个日期智能函数进行介绍。作者认为，通过对几个典型的日期智能函数进行介绍，使读者掌握日期智能函数应用的"大逻辑"，那么，对于其他日期智能函数，查看帮助文档或使用搜索引擎进行搜索即可。

5.2.1 SAMEPERIODLASTYEAR() 函数

SAMEPERIODLASTYEAR() 函数的功能是筛选出去年同期的数据，该函数名称由四个简单的单词（SAME、PERIOD、LAST、YEAR）构成，通过函数名称便能推断出其大致功能。SAMEPERIODLASTYEAR() 函数只有一个参数，即 Power Pivot 数据模型中的日期表。

SAMEPERIODLASTYEAR() 函数通常用作 CALCULATE() 函数的筛选器参数。该函数可以对 Power Pivot 数据模型中的日期表进行筛选，筛选出日期表中去年同期的数据。

由于在 Power Pivot 数据模型中，日期表与其他表之间存在表间关联关系，因此可以通过对日期表进行筛选，实现对其他表进行筛选，进而达到在其他表中筛选出去年同期数据的目的。然后借助 CALCULATE() 函数，计算得到去年同期汇总值。观察下面的 DAX 表达式：

```
去年同期销售册数 :=CALCULATE(SUM(
    'T3 销售 '[T3 销售册数 ]),
    SAMEPERIODLASTYEAR(' 日历 '[Date])
)
```

在上述 DAX 表达式中，SAMEPERIODLASTYEAR() 函数用作 CALCULATE() 函数的筛选器参数。

在讲解该 DAX 表达式的工作原理之前，我们先来看一下 Power Pivot 数据模型中的表间关联关系，如下图所示。这里我们要特别关注"日历"表与"T3 销售"表之间的关系。在下图中，我们看到"日历"表与"T3 销售"表之间存在"一对多"关系，可以通过筛选"日历"表，控制筛选"T3 销售"表中的数据。

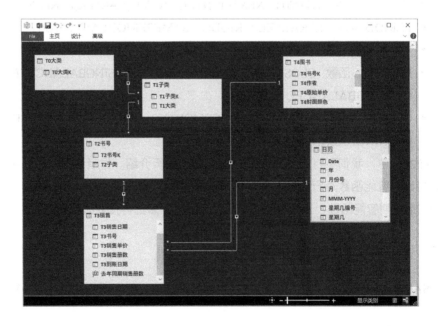

在 Power Pivot 超级数据透视表中，将"年"字段和"月份号"字段拖曳至 Power Pivot 超级数据透视表行标题中，将 DAX 表达式"去年同期销售册数"和"T3 销售册数"字段拖曳至 Power Pivot 超级数据透视表值区域中，并且将"T3 销售册数"字段重命名为"以下项目的总和：T3 销售册数"，其计算结果如下图所示。我们在 Power Pivot 超级数据透视表值区域中看到，在"去年同期销售册数"列中的各单元格中显示的是对应行标题的上一年（去年）同期的销售册数。

年	月份号	值 以下项目的总和：T3销售册数	去年同期销售册数
2015	4	2	
2015	5	5	
2015	6	3	
2015	7	14	
2015	8	13	
2015	9	7	
2015	10	9	
2015	11	11	
2015	12	16	
2016	1	5	
2016	2	14	
2016	3	17	
2016	4	7	2
2016	5	10	5
2016	6	16	3
2016	7	10	14
2016	8	7	13
2016	9	11	7
2016	10	3	9
2016	11	12	11
2016	12	2	16
2017	1	1	5
2017	2	9	14
2017	3	8	17
2017	4	2	7
2017	5	8	10
2017	6	6	16
2017	7	2	10
2017	8		7
2017	9	1	11
2017	10	7	3
2017	11	8	12
2017	12	5	2

现在，我们改变一下 Power Pivot 超级数据透视表布局。在新的 Power Pivot 超级数据透视表布局下，行标题为"T1 子类 K"字段，列标题为"日历"表中的"年"字段，如下图所示。

年		值					
		2015	2015	2016	2016	2017	2017
T1子类K		以下项目的总和：T3销售册数	去年同期销售册数	以下项目的总和：T3销售册数	去年同期销售册数	以下项目的总和：T3销售册数	去年同期销售册数
11机械		12		7	12	5	7
12电子				22		11	22
13网络		4		23	4	10	23
21课内		10		21	10	8	21
22课外		15		26	15		26
31文学		20		5	20	11	5
32绘画		8		10	8	6	10
33摄影		11			11	6	

在上图中，我们可以看到每个图书子类去年同期的销售册数。对于"日历"表中的每个年份，我们都能得到上一个年份的销售册数，与前面的 Power Pivot 超级数据透视表布局对比，上图中的 Power Pivot 超级数据透视表行标题中增加了一个"T1子类 K"字段，将上一个年份（去年）的图书销售册数按照图书子类分别显示出来（注意，这里的"年"字段转移到了 Power Pivot 超级数据透视表列标题上）。

简单地理解，SAMEPERIODLASTYEAR() 函数的工作原理：在数据透视表筛选环境的日期筛选限制下，SAMEPERIODLASTYEAR() 函数计算得到日期表中对应的去年日期，然后，用对应的去年日期对 Power Pivot 数据模型进行筛选，从而得到去年同期的数据。

在设置 Power Pivot 超级数据透视表布局时，如果在 Excel 工作表右侧的"数据透视表字段"视图中找不到"日历"表，那么可以选择 Excel 工作表右侧的"数据透视表"选项下方的"全部"命令，就会显示 Power Pivot 数据模型中的全部表及其包含的字段。

值得注意的是，SAMEPERIODLASTYEAR() 函数的参数必须是 Power Pivot 数据模型中的日期表，否则会报错。作为验证，我们将 SAMEPERIODLASTYEAR() 函数的参数改为"T3 销售"表中的"T3 销售日期"字段，错误的 DAX 表达式如下：

```
去年同期 2:=CALCULATE(
        SUM('T3 销售 '[T3 销售册数 ]),
        SAMEPERIODLASTYEAR('T3 销售 '[T3 销售日期 ])
        )
```

当我们将上述 DAX 表达式拖曳至 Power Pivot 超级数据透视表值区域中时会报错，如下图所示。

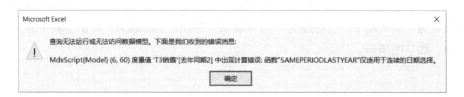

188

5.2.2 DATESYTD() 函数

在与日期相关的 Power Pivot 数据分析中常常遇到“迄今为止”类的统计问题。例如，迄今为止月度统计数据（Month to Date，MTD），迄今为止的年度统计数据（Year to Date，YTD），等等。关于这些问题，Power Pivot 也为我们提供了相应的函数。本节以能够计算迄今为止的年度统计数据的 DATESYTD() 函数为例进行讲解。观察下面的 DAX 表达式。

```
YTD:=CALCULATE(
    SUM('T3 销售'[T3 销售册数]),
    DATESYTD('日历'[Date])
)
```

上述 DAX 表达式的计算结果如下图所示。

年	月	以下项目的总和:T3销售册数	YTD
2015	April	2	2
	May	5	7
	June	3	10
	July	14	24
	August	13	37
	September	7	44
	October	9	53
	November	11	64
	December	16	80
2015 汇总		**80**	**80**
2016	January	5	5
	February	14	19
	March	17	36
	April	7	43
	May	10	53
	June	16	69
	July	10	79
	August	7	86
	September	11	97
	October	3	100
	November	12	112
	December	2	114
2016 汇总		**114**	**114**
2017	January	1	1
	February	9	10
	March	8	18
	April	2	20
	May	8	28
	June	6	34
	July	2	36
	August		36
	September	1	37
	October	7	44
	November	8	52
	December	5	57
2017 汇总		**57**	**57**

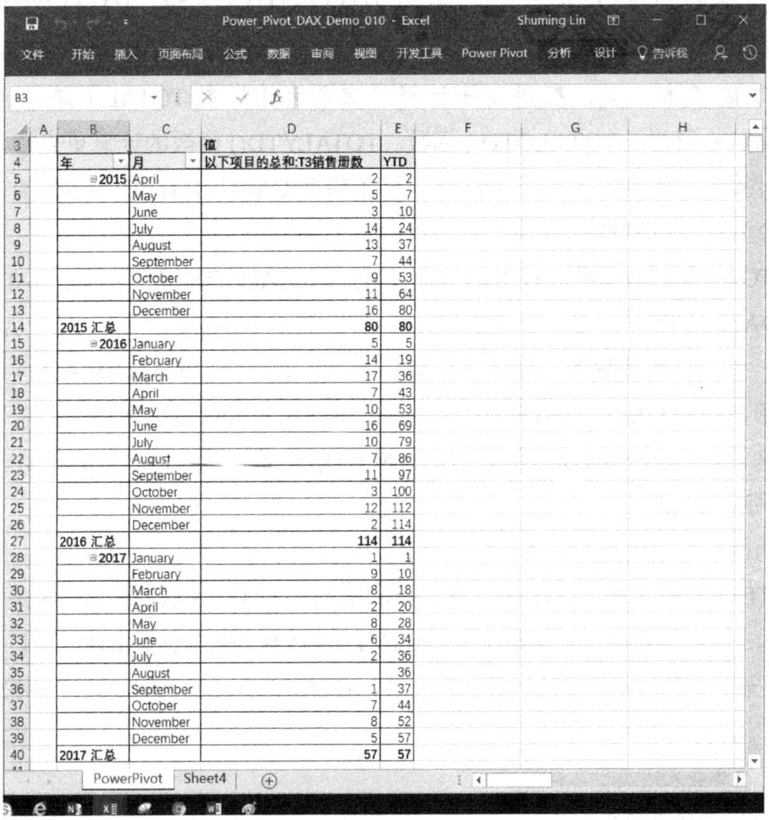

在上图中的 Power Pivot 超级数据透视表中的“YTD”列中，我们看到每个单元格中的数值都是“以下项目的总和:T3 销售册数”列在这一年中的前几个月的单元格中数值的累加，直到新的一年，从头开始，重新累加。

简单地理解，DATESYTD() 函数的工作原理：在数据透视表筛选环境的日期筛选限制下，DATESYTD() 函数计算得到日期表中从年初到当前日期的所有日期，然后用这些日期对 Power Pivot 数据模型进行筛选，从而得到迄今为止年度统计的数值。

本节我们介绍了 DATESYTD() 函数，与 DATESYTD() 函数的使用方法和功能类似的函数还有 DATESMTD() 函数、DATESQTD() 函数，分别用于计算日期表中从月度开始日期到当前日期的所有日期和从季度开始日期到当前日期的所有日期。

5.2.3　TOTALYTD() 函数

既然 DAX 已经提供了三个用于计算"迄今为止"的函数（DATESMTD() 函数、DATESQTD() 函数、DATESYTD() 函数），为什么又提供了另外三个功能类似的对应函数（TOTALMTD() 函数、TOTALQTD() 函数、TOTALYTD() 函数）呢？

通过函数名称我们发现，虽然 TOTALMTD() 函数、TOTALQTD() 函数、TOTALYTD() 函数的功能与 DATESMTD() 函数、DATESQTD() 函数、DATESYTD() 函数的功能基本一致，都是用于计算"迄今为止"的 TOTAL（总计），但是，TOTALMTD() 函数、TOTALQTD() 函数、TOTALYTD() 函数的计算更直接，它们都能直接计算出"迄今为止"的 TOTAL，即不借助 CALCULATE() 函数就能计算出各种"迄今为止"的 TOTAL。

与 TOTALMTD() 函数、TOTALQTD() 函数、TOTALYTD() 函数不同，DATESMTD() 函数、DATESQTD() 函数、DATESYTD() 函数的计算结果只是"迄今为止"的 DATES，是一个筛选后的日期表的子集，因此，必须借助 CALCULATE() 函数，将这三个函数作为 CALCULATE() 函数的筛选器参数才能计算出最终的汇总值。从这一点上来讲，DATESMTD() 函数、DATESQTD() 函数、DATESYTD() 函数的应用场景会更灵活一些。

作为两组函数使用方法的对比，我们给出这两组函数的使用模板。

DATESMTD() 函数、DATESQTD() 函数、DATESYTD() 函数的计算结果是对日期表筛选后的一个日期表子集，通常作为 CALCULATE() 函数的筛选器参数，用日期表子集控制数据表，从而得到所需的计算结果。以 DATESYTD() 函数为例，其语法格式如下：

```
=CALCULATE(
    汇总器参数表达式，
    DATESYTD(日期表)
)
```

TOTALMTD() 函数、TOTALQTD() 函数、TOTALYTD() 函数可以直接计算 TOTAL，可以脱离 CALCULATE() 函数单独使用。以 TOTALYTD() 函数为例，其语法格式如下：

```
=TOTALYTD (
    计算表达式,
    日期表
)
```

因此，在上一节中，利用 DATESYTD() 函数计算 Year to Date（年度迄今为止）汇总值的案例如下：

```
YTD:=CALCULATE(
    SUM('T3 销售'[T3 销售册数]),
    DATESYTD('日历'[Date])
)
```

如果使用 TOTALYTD() 函数，那么与其等效的 DAX 表达式如下：

```
TOTALYTD:=TOTALYTD(
    SUM('T3 销售'[T3 销售册数]),
    '日历'[Date]
)
```

DAX 表达式“YTD”与 DAX 表达式“TOTALYTD”的计算结果如下图所示。

年	月	以下项目的总和:T3销售册数	YTD	TOTALYTD
2015	April	2	2	2
	May	5	7	7
	June	3	10	10
	July	14	24	24
	August	13	37	37
	September	7	44	44
	October	9	53	53
	November	11	64	64
	December	16	80	80
2015 汇总		80	80	80
2016	January	5	5	5
	February	14	19	19
	March	17	36	36
	April	7	43	43
	May	10	53	53
	June	16	69	69
	July	10	79	79
	August	7	86	86
	September	11	97	97
	October	3	100	100
	November	12	112	112
	December	2	114	114
2016 汇总		114	114	114
2017	January	1	1	1
	February	9	10	10
	March	8	18	18
	April	2	20	20
	May	8	28	28
	June	6	34	34
	July	2	36	36
	August		36	36
	September	1	37	37
	October	7	44	44
	November	8	52	52
	December	5	57	57
2017 汇总		57	57	57

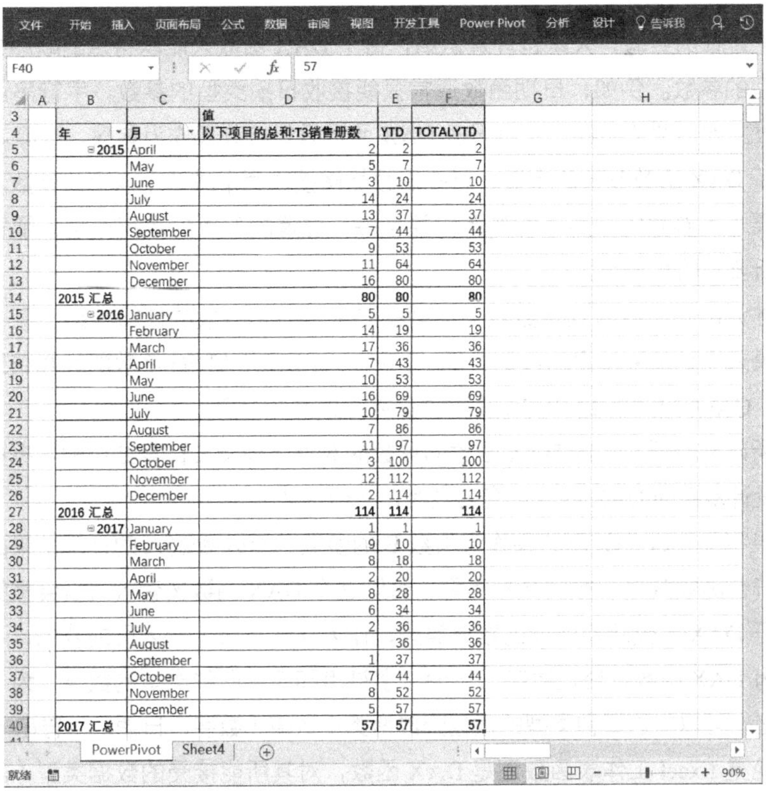

第 **6** 章

DAX中的一些重要概念与函数

6.1 Power Pivot 中的数据类型

根据过往的经验，大家也许意识到，每个 DAX 函数只能以特定的顺序接收指定数据类型的参数。例如，日期函数通常只能接收日期类型的参数，字符串函数通常只能接收文本类型的参数，还有很多 DAX 函数只能接收表作为参数，等等。

关于 DAX 函数参数的个数，有些函数能够接收两个或两个以上的参数，这些函数严格要求其参数的顺序不能颠倒，并且每个位置的参数的数据类型必须符合该位置参数所要求的数据类型。

刚才说的是函数对其参数数据类型的要求。对于函数的计算结果，每个函数的计算结果只能是某种特定的数据类型。例如，CALCULATE() 函数的计算结果是数字或文本，CALCULATETABLE() 函数的计算结果是一个表。

之所以要清晰地了解 DAX 函数的参数的数据类型及其计算结果的数据类型，是因为在设计复杂的 DAX 函数嵌套公式时，必须保证：

如果将函数 A 的计算结果作为函数 B 的参数，那么函数 A 的计算结果的数据类型必须符合函数 B 的参数的数据类型，否则这个 DAX 函数嵌套公式就会报错。

关于 DAX 函数所能处理的数据类型，作为非计算机专业人员的我们，可以简单地理解为 DAX 函数只处理数字、日期、字符串和表共四种类型的数据。为了容易理解和记忆，可以将这四种类型的数据分成两类：数值（数字、日期、字符串）和表。

无论是 Excel 工作表函数还是 DAX 函数，对其所能接受的数据类型（函数参数的数据类型）的要求都非常严格，要求参数的位置（针对需要多个参数的函数）和每个位置的参数的数据类型都不能出错。

对于函数的计算结果，我们必须清晰地了解其数据类型，只有这样，在设计复杂的 DAX 函数嵌套公式，即将一个函数的计算结果作为另一个函数的参数时，才不会出错。

在大多数情况下，Power Pivot 数据分析的结果会在 Power Pivot 超级数据透视表值区域中呈现。我们知道，Power Pivot 超级数据透视表值区域是由一个个单元格组成的，Power Pivot 超级数据透视表值区域中的单元格中的数据只能是数字、日期、字符串，即只能是数值，不能是表，因为单元格中不能显示表。因此，在设计 DAX 表达式时必须保证：如果一个 DAX 表达式的计算结果需要放到 Power Pivot 超级数据透视表值区域中呈现，那么该 DAX 表达式的最终计算结果必须是数值，而不是表，除非这个表只有一行一列。

如果一个 DAX 表达式的计算结果是只有一行一列的表，那么当我们将该 DAX 表达式拖曳至 Power Pivot 超级数据透视表值区域中时，Power Pivot 会启动一个自动转换机制，将这个只有一行一列的表自动转换成普通数值，从而使其能够在 Power Pivot 超级数据透视表值区域中呈现。

将只有一行一列的表自动转换成数值的过程，也可能在 DAX 函数嵌套过程中发生。例如，如果能够确定一个函数返回的计算结果是只有一行一列的表，就可以将该函数的计算结果看成一个数值，然后将其放到一个需要数值参数的函数中使用。

事实上，在 Excel 工作表函数中也存在这种数据类型自动转换的机制。例如，在 Excel 工作表函数中使用布尔值 TRUE 和 FALSE 时，可以将布尔值 TRUE 和 FALSE 自动转换成 1 和 0。

举个例子，Excel 公式 =(2=3)*1 相当于 Excel 公式 =FALSE*1，计算结果为 0；而 Excel 公式 =(2=2)*1 相当于 Excel 公式 =TRUE*1，计算结果为 1。

现在回顾两个我们非常熟悉的函数——CALCULATE() 函数和 CALCULATETABLE() 函数。我们知道，CALCULATE() 函数的计算结果是一个数值（数字、日期或文本），CALCULATETABLE() 函数的计算结果是一个表。因此 CALCULATE() 函数的计算结果可以在 Power Pivot 超级数据透视表值区域中的单元格中直接显示，CALCULATETABLE() 函数的计算结果一般不能在 Power Pivot 超级数据透视表值区域中的单元格中直接显示，我们必须用适当的 DAX 函数（如 COUNTROWS() 函数、CONCATENATEX() 函数等）将这个表汇总成一个数值（数字或文本）才能在 Power Pivot 超级数据透视表值区域中的单元格中显示。

6.2　逐行处理函数再探讨

在 DAX 函数中，具有逐行处理能力的函数非常重要，因此本节对逐行处理函数进行再探讨。

关于逐行处理函数，除了前面详细介绍过的 FILTER() 函数、SUMX() 函数、CONCATENATEX() 函数、RANKX() 函数，还有很多，如 AVERAGEX() 函数、COUNTX() 函数、COUNTAX() 函数、MAXX() 函数、MINX() 函数等。

尽管逐行处理函数的功能非常强大，但使用起来并不困难。通过总结我们发现，大部分逐行处理函数都有以下共同特点。

- 逐行处理函数的第一个参数是一个表或计算结果为表的 DAX 表达式，第一个参数所指定的表中的行是这类函数"逐行处理"的前提，因为没有"行"，何来"逐行"？
- 逐行处理函数的第二个参数一般是一个 DAX 表达式，它能够对逐行处理函数第一个参数所指定的表中的行进行逐行计算或判断，得到一个个中间计算结果。
- 逐行处理函数将中间计算结果按照逐行处理函数指定的汇总方式汇总成一个数值（数字或文本）或表。至此，逐行处理函数才完成了它的完整使命。

综上所述，逐行处理函数的内部运算逻辑就是逐行处理计算 + 汇总。

逐行处理函数除了内部运算逻辑与一般函数不同，还有一点需要我们重点掌握：在 Power Pivot 多表数据模型中，如果在逐行处理函数的第二个参数外面包裹一个 CALCULATE() 函数，那么借助 CALCULATE() 函数能够识别逐行处理函数当前行的特性，逐行处理函数能够以其第一个参数所指定的表为基础，根据 Power Pivot 数据模型中的"一对多"表间关联关系，针对第一个参数所指定的表中的每行，对该表的下级表中的所有相关行进行汇总。

逐行处理函数的"借助 CALCULATE() 函数，对 Power Pivot 数据模型中的下级表中的相关行进行汇总"的能力非常强大。例如，要计算销售册数最多的图书子类的销售册数，利用上述原理，完成这个任务的 DAX 表达式如下：

```
销售册数最多子类 :=MAXX(
    'T1 子类',
    CALCULATE(SUM('T3 销售 '[T3 销售册数 ]))
)
```

在上述 DAX 表达式中，MAXX() 函数是一个逐行处理函数，能够对"T1 子类"表进行逐行处理，但在这里，逐行处理的不是"T1 子类"表本身，而是对于

"T1 子类"表中的每行，都要到它的下级表中计算与当前处理的行（具体的图书子类）相关的图书子类销售册数。在 SUM('T3 销售 '[T3 销售册数]) 外面包裹了一个 CALCULATE() 函数，用于激活"T1 子类"表与"T3 销售"表之间的"一对多"关系。MAXX() 函数在计算出每个图书子类的销售册数后，计算出其中的最大值。

如果问题变得稍微复杂一点，如计算销售册数第二多的图书子类的销售册数，应该如何处理呢？对于这个问题，可以在当前数据透视表筛选环境下，将销售册数最多的图书子类剔除，然后在剩下的图书子类中找到销售册数最多的图书子类，这便是销售册数第二多的图书子类，进而求出销售册数第二多的图书子类的销售册数。相应的 DAX 表达式如下：

```
销售册数第二多子类 :=MAXX(
    FILTER('T1 子类 ',
        CALCULATE(SUM('T3 销售 '[T3 销售册数 ]))
        <
        MAXX('T1 子类 ',CALCULATE(SUM('T3 销售 '[T3 销售册数 ])))
    ),
    CALCULATE(SUM('T3 销售 '[T3 销售册数 ]))
)
```

上述 DAX 表达式看起来较为复杂，但如果采用 VAR...RETURN 变量技术，就会变得非常容易理解。在下面的 DAX 表达式中，变量 maxSubClass 表示销售册数最多的图书子类的销售册数，变量 subClassesExceptMax 表示在所有图书子类中剔除销售册数最多的图书子类后剩下的图书子类。

```
销售册数第二多子类 :=
VAR
maxSubClass=MAXX('T1 子类 ',CALCULATE(SUM('T3 销售 '[T3 销售册数 ])))
VAR
subClassesExceptMax=FILTER('T1 子类 ',
    CALCULATE(SUM('T3 销售 '[T3 销售册数 ]))
    < maxSubClass
)
RETURN
MAXX(
    subClassesExceptMax,
    CALCULATE(SUM('T3 销售 '[T3 销售册数 ]))
)
```

在当前图书大类（Power Pivot 超级数据透视表行标题）中，DAX 表达式"销售册数最多子类"和 DAX 表达式"销售册数第二多子类"的计算结果如下图所示，大家可以自行验证。

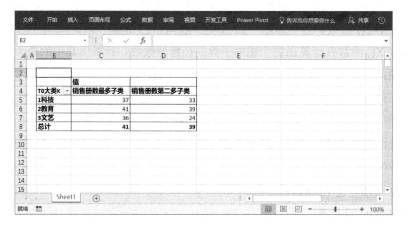

如果我们想得到销售册数第二多的图书子类的名称，应该怎么处理呢？也许我们能很快写出下面的 DAX 表达式：

```
销售册数第二多子类名称 :=CONCATENATEX(
FILTER(
    'T1 子类 ',
    CALCULATE(
        SUM('T3 销售 '[T3 销售册数 ]))<
        MAXX('T1 子类 ',CALCULATE(SUM('T3 销售 '[T3 销售册数 ])))
        )
),
'T1 子类 '[T1 子类 K],
","
)
```

上述 DAX 表达式的计算结果如下图所示。

根据上图可知，DAX 表达式"销售册数第二多子类名称"并不符合我们的要求，我们要的是销售册数第二多的图书子类名称，它的计算结果是当前图书大类下除销售册数最多的图书子类外的所有图书子类名称。因此需要对上述 DAX 表达式进行修改。为了便于理解，我们在 DAX 表达式中使用了 VAR...RETURN 变量技术，修改后的 DAX 表达式的逻辑如下：

```
销售册数第二子类逻辑代码:=
    VAR myMax=销售册数最多的图书子类的销售册数
    VAR ExceptMax=销售册数小于myMax的所有图书子类
    VAR MaxExceptMax=ExceptMax中销售册数最多的图书子类的销售册数
RETURN
销售册数等于MaxExceptMax的图书子类
```

将上述 DAX 表达式设计逻辑转换成真正的 DAX 表达式：

```
销售册数第二子类:=
VAR
    myMax= MAXX('T1子类',CALCULATE(SUM('T3销售'[T3销售册数])))

    VAR
    ExceptMax=FILTER(
    'T1子类',
    CALCULATE(SUM('T3销售'[T3销售册数]))<myMax
    )

    VAR
    MaxExceptMax=
    MAXX(
    ExceptMax,
    CALCULATE(SUM('T3销售'[T3销售册数]))
    )

RETURN
    CONCATENATEX(
    FILTER('T1子类',
    CALCULATE(SUM('T3销售'[T3销售册数]))= MaxExceptMax
    ),
    'T1子类'[T1子类K],
    ","
    )
```

上述 DAX 表达式的计算结果如下图所示。

下面再举一个使用逐行处理函数的案例，计算所有图书子类的销售金额的平均值，这里的销售金额是指每个图书子类的销售册数与销售单价的积。完成该任务的 DAX 表达式如下：

```
按子类销售额平均值:=AVERAGEX(
    'T1 子类',
    CALCULATE(
        SUMX(
            'T3 销售',
            'T3 销售'[T3 销售册数]*'T3 销售'[T3 销售单价]
        )
    )
)
```

上述 DAX 表达式并不难理解，大家可以结合前面讲解的案例自行分析。下面，我们再来看看在逐行处理函数中使用 RELATEDTABLE() 函数的情况，将上述 DAX 表达式改写如下：

```
按子类销售额平均值:=AVERAGEX(
    'T1 子类',
    SUMX(
        RELATEDTABLE('T3 销售'),
        'T3 销售'[T3 销售册数]*'T3 销售'[T3 销售单价]
    )
)
```

在上述 DAX 表达式中，由于 AVERAGEX() 函数是一个以 X 结尾的逐行处理函数，因此要对其第一个参数所指定的"T1 子类"表进行逐行处理。对于"T1 子类"表中的每行，我们先要到与其关联的下级表（"T3 销售"表）中汇总与该行相关的数据。在该 DAX 表达式中，我们没有使用能够识别当前行的 CALCULATE() 函数，而是使用了能够提取相关行的 RELATEDTABLE() 函数。在 RELATEDTABLE() 函数将"T3 销售"表中与"T1 子类"表中的每行相关行提取出来后，利用 SUMX() 函数的逐行处理并汇总能力，计算出所有图书子类的销售总金额，最后利用 AVERAGEX() 函数计算出所有图书子类的销售金额的平均值。

在本案例中，我们使用可以提取相关行的 RELATEDTABLE() 函数代替了可以识别当前行的 CALCULATE() 函数，得到了相同的计算结果。

注意，在逐行处理函数中，凡是涉及对 Power Pivot 数据模型中两个表的操作，无论是使用 CALCULATE() 函数还是使用 RELATEDTABLE() 函数，得到正确计算结果都有一个重要前提：已经在 Power Pivot 数据模型中建立了正确的表间关联关系。

6.3　CALCULATE() 函数再回顾

我们已经在相关章节中多次介绍了 CALCULATE() 函数的相关知识，本节我们在已经了解 CALCULATE() 函数相关知识的基础上，再次深入研究将 CALCULATE() 函数应用于计算列公式中与将其应用于度量值表达式中的区别，这些内容可以作为我们对以前学习成果的复习和总结。

前面提到过，CALCULATE() 函数具有识别当前行的能力。例如，当将 CALCULATE() 函数应用于 Power Pivot 数据模型中某个表的计算列公式中时，CALCULATE() 函数能够识别计算列公式所处的当前行，并且以当前行的内容作为 CALCULATE() 函数的筛选器参数进行计算。

在举例说明之前，我们先回顾一下本书中使用的 Power Pivot 数据模型，如下图所示。根据下图中的 Power Pivot 数据模型表间关联关系可知，"T1 子类"表、"T2 书号"表和"T3 销售"表之间存在"祖孙三代"的上下级关联关系。

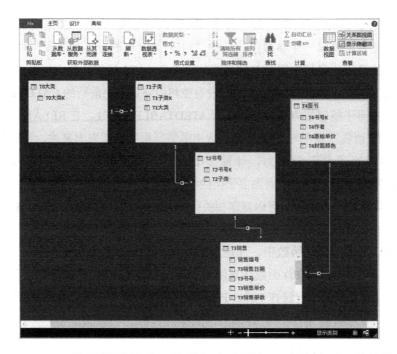

在 Power Pivot 数据模型的"T1 子类"表中添加一个计算列，其计算列公式如下：

```
=SUM('T3 销售'[T3 销售册数])
```

由于已经在 Power Pivot 数据模型中建立了表间关联关系，因此我们初步推测上述计算列公式能够计算出每个图书子类的销售册数。但是，这个计算列公式的计算结果让我们颇感意外，它的每行的计算结果都是所有图书的销售总册数 251，如下图所示，计算结果与计算列公式所在的行完全没有关系。

在上述计算列公式中，之所以每行的计算结果都相同，是因为 SUM() 函数仅仅是一个按照表中的列标题对其整列进行汇总的函数，不具备识别当前行的能力。于是我们想到了具有识别当前行能力的 CALCULATE() 函数。在上述计算列公式外面包裹一个 CALCULATE() 函数，修改后的计算列公式如下：

```
=CALCULATE(SUM('T3销售'[T3销售册数]))
```

修改后的计算列公式的计算结果如下图所示。由于 CALCULATE() 函数具有识别当前行的能力，因此在下图中每行的计算结果都是该行所代表的图书子类在"T3销售"表中对应的正确的图书销售册数。

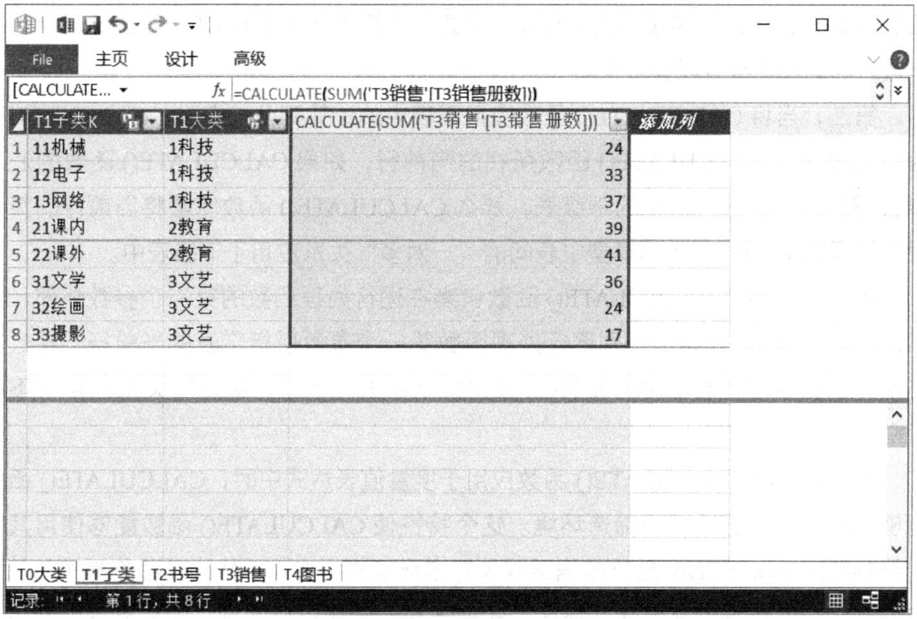

这里，我们了解到，在计算列公式中，如果在公式外面没有包裹 CALCULATE() 函数，则计算列公式不能识别当前行的筛选限制，在没有当前行筛选限制的约束下，计算列公式只能汇总当前表中的所有数据。在计算列公式外面包裹一个 CALCULATE() 函数后，计算列公式具有了识别当前行筛选限制的能力，使计算列公式能够针对当前行的筛选限制，根据预先设置好的 Power Pivot 数据模型中的表间关联关系汇总下级表中的数据。

CALCULATE() 函数识别当前行的能力还体现在逐行处理函数中，下面以一个前面讲过的含 MAXX() 函数的 DAX 表达式为例进行讲解。

```
销售册数最多子类:=MAXX(
    'T1子类',
```

```
    CALCULATE(SUM('T3 销售'[T3 销售册数]))
)
```

在上述 DAX 表达式中，由于在 MAXX() 函数的第二个参数 SUM('T3 销售'[T3 销售册数]) 外面包裹了一个 CALCULATE() 函数，因此 SUM('T3 销售'[T3 销售册数]) 能够计算出"T1 子类"表中每个图书子类在其下级表（"T3 销售"表）中的销售册数，并且最终计算出销售册数最多的图书子类的销售册数。在上述 DAX 表达式中，如果没有 CALCULATE() 函数，就不会得到正确的计算结果。

下面对 CALCULATE() 函数进行比较全面地总结，具体分为以下五点。

第一，CALCULATE() 函数有两个参数，第一个参数是汇总计算的 DAX 表达式，即汇总参数；第二个参数是改变当前数据透视表筛选环境的 DAX 表达式，即筛选器参数，筛选器参数可以有多个。

第二，当将 CALCULATE() 函数应用于表中的计算列公式中时，CALCULATE() 函数能够识别 CALCULATE() 函数所在的当前行，如果 CALCULATE() 函数的汇总参数所汇总的表是当前表的下级表，那么 CALCULATE() 函数能够将当前行的筛选限制根据 Power Pivot 数据模型中表间的"一对多"关系应用于下级表中。

第三，如果将 CALCULATE() 函数包裹在逐行处理函数的第二个参数外部，则 CALCULATE() 函数能够识别逐行处理函数第一个参数所指定表的当前行，并且将当前行的筛选限制根据 Power Pivot 数据模型中表间的"一对多"关系应用于下级表中。

第四，当将 CALCULATE() 函数应用于度量值表达式中时，CALCULATE() 函数能够识别当前数据透视表筛选环境。这个特性使 CALCULATE() 函数能够使用其筛选器参数对 Power Pivot 超级数据透视表筛选环境进行增加、修改及移除操作，从而得到一个新的数据透视表筛选环境，并且使用汇总参数在修改后的数据透视表筛选环境下对其对应的数据源子集进行汇总。

第五，CALCULATE() 函数的内部运算逻辑：CALCULATE() 函数在运算时，首先识别当前数据透视表筛选环境，即判断 CALCULATE() 函数是应用于计算列公式中，还是应用于逐行处理函数中，还是应用于度量值表达式中，然后根据不同的数据透视表筛选环境采取不同的运算策略。

6.4　创建 Power Pivot 数据模型中的临时维度表

在本书中的 Power Pivot 数据模型中，"辈分"最高的表是"T0 大类"表，如果 Power Pivot 数据模型中没有这个表，就不能针对图书大类对图书销售数据进行各种汇总统计了。通过对 Power Pivot 数据模型的观察和研究，我们发现，"T1 子类"表是图书大类与图书子类的对应表，如下图所示。以"T1 子类"表为基础，提取出"T1 大类"字段中的数据并进行压重操作，即可得到一个没有重复值的"T1 大类"表。

T1子类K	T1大类	添加列
1	11机械	1科技
2	12电子	1科技
3	13网络	1科技
4	21课内	2教育
5	22课外	2教育
6	31文学	3文艺
7	32绘画	3文艺
8	33摄影	3文艺

提到"压重"这两个字，你可能会觉得熟悉。没错，我们在介绍 VALUES() 函数的使用方法时提到过，我们还提到，之所以将得到不重复值列表的操作称为"压重"而不是"去重"，是因为 VALUES() 函数的压重操作不会破坏压重后的表与 Power Pivot 数据模型中其他表之间已经建立的关联关系。

观察下面的 DAX 表达式，该 DAX 表达式的设计目的是计算销售金额高于 2000 元的图书大类的个数。这里我先告诉大家答案，销售金额高于 2000 元的图书大类有两个，分别是"1 科技"图书大类和"2 教育"图书大类。由于我们计算的是满足筛选条件的图书大类的个数，而不是具体的图书大类名称，因此首先使用 FILTER() 函数筛选出一个满足筛选条件的图书大类列表，然后使用 COUNTROWS() 函数计算这个列表中有多少行。

```
销售额大于 2000 的大类 :=COUNTROWS(
    FILTER (
        'T0 大类 ',
        CALCULATE(
        SUMX('T3 销售 ','T3 销售 '[T3 销售册数 ]*'T3 销售 '[T3 销售单价 ])
        )>2000
    )
)
```

在上述 DAX 表达式中，核心操作对象是 Power Pivot 数据模型中的"T0 大类"表，我们知道这个表中没有重复行，因此对这个表进行相应的筛选，然后用 COUNTROWS() 函数统计行数即可得到所需的结果。

如果在 Power Pivot 数据模型中没有"T0 大类"表，那么可以借助 VALUES()

函数，以"T1子类"表中的"T1大类"列为参数，进行压重操作，即可在不破坏Power Pivot数据模型中的表间关联关系的情况下，得到一个关于图书大类的不重复列表，然后对该表进行FILTER()函数所定义的筛选，最终得到和上述DAX表达式相同的计算结果。具体DAX表达式如下：

```
销售额大于2000的大类 :=COUNTROWS(
    FILTER (
        VALUES('T1子类'[T1大类]),
        CALCULATE(
        SUMX('T3销售','T3销售'[T3销售册数]*'T3销售'[T3销售单价])
        )>2000
    )
)
```

上述DAX表达式的计算结果如下图中右侧的表所示，有两个图书大类的销售金额高于2000元。下图中左侧的表用于证明我们的计算结果是正确的，确实有两个图书大类的销售金额高于2000元，分别是"1科技"图书大类和"2教育"图书大类。

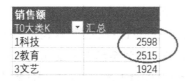

关于上述DAX表达式，我们有必要再仔细介绍一下其中的FILTER()函数的用法，我们将它重新抄写一遍。

```
FILTER (
    VALUES('T1子类'[T1大类]),
    CALCULATE(
    SUMX('T3销售','T3销售'[T3销售册数]*'T3销售'[T3销售单价])
    )>2000
)
```

我们已经讲过，FILTER()函数的第一个参数VALUES('T1子类'[T1大类])用于对"T1子类"表中的"T1大类"列进行压重操作，在不破坏Power Pivot数据模型中的表间关联关系的情况下得到一个不重复的图书大类列表。

我们知道，FILTER()函数是一个逐行处理函数，在得到不重复的图书大类列表后，FILTER()函数就可以对这个图书大类列表进行逐行处理。针对每个图书大类，到"T3销售"表中查看它的销售金额是否高于2000元，这个任务是使用SUMX()函数完成的。

我们知道，SUMX() 函数也是一个逐行处理函数，它能够对指定表中的每行进行自定义计算，这里我们指定的表是"T3 销售"表，自定义计算是 'T3 销售 '[T3 销售册数]*'T3 销售 '[T3 销售单价]，即计算图书大类的销售金额。

尽管 DAX 表达式 VALUES('T1 子类 '[T1 大类]) 的计算得到的图书大类列表来自"T1 子类"表，但是 VALUES('T1 子类 '[T1 大类]) 不会破坏 Power Pivot 数据模型中的表间关联关系，也就是说 VALUES('T1 子类 '[T1 大类]) 保留着与"T1 子类"表下级表的关联关系，这是 VALUES() 函数的特性。

此外，要想在逐行处理函数 FILTER() 中将 VALUES('T1 子类 '[T1 大类]) 对下级表的筛选限制传递给"T3 销售"表，必须使用 CALCULATE() 函数实现，因此我们在 SUMX() 函数外面包裹了一个 CALCULATE() 函数。

以上就是整个 DAX 表达式的工作原理。我们不厌其烦地反复解说的目的是通过适当的重复达到加深印象直至熟练掌握的目的。下面我们再看一下本书用到的 Power Pivot 数据模型的概念图，以便进一步加深印象。

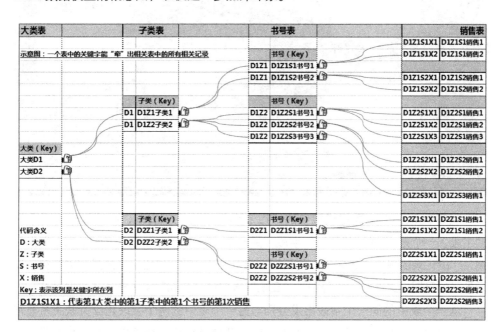

6.5　USERELATIONSHIP() 函数

本节我们介绍一些 Power Pivot 数据模型操作的高阶知识，这里我们用到了一个新的 DAX 函数——USERELATIONSHIP() 函数。

在 Power Pivot 数据模型中,如果一个表与其他表建立了多个关联关系,那么 USERELATIONSHIP() 函数可以指定在当前 DAX 表达式中具体使用哪一个关联关系。这个描述有些抽象,下面结合具体的案例进行讲解。首先回顾一下本书中的 Power Pivot 数据模型。

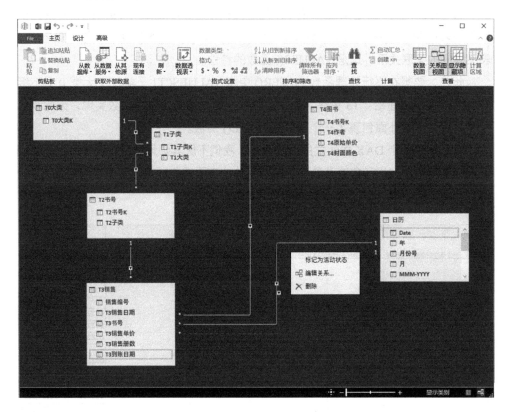

观察 Power Pivot 数据模型中的"T3 销售"表,我们发现,在该表中有两个日期字段,一个是"T3 销售日期"字段,另一个是"T3 到账日期"字段。"T3 销售日期"字段记录的是图书销售发生的日期;"T3 到账日期"字段记录的是图书销售款实际到账的日期。这两个字段分别与"日历"表中的"Date"字段建立了关联关系。

从一个表中的同一个字段出发分别与另一个表中的两个字段建立关联关系非常简单,过程和平常建立表间关联关系一样:用鼠标选中一个表中的同一个字段,分别拖曳至另一个表中的两个字段即可。

这里有一点要注意:在一个表中同一个字段与另一个表中两个不同字段之间建立了关联关系后,还需要选中关系连线并右击,在弹出的快捷菜单中指定其中一个关系为默认的(活动的、激活的)关联关系,如下图所示。

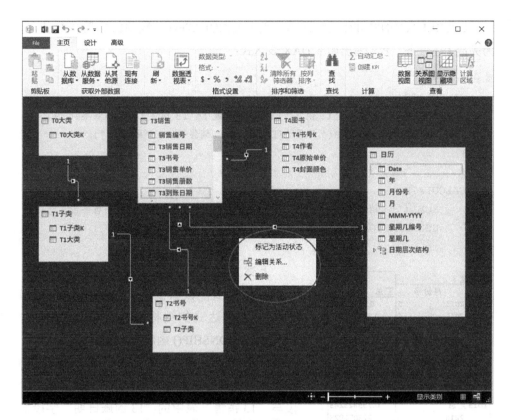

　　假设图书销售款的到账日期晚于销售日期，即图书销售款不能马上到账（对于
一个小书店来说，实际情况可能不会这么复杂，这样设计 Power Pivot 数据模型的目
的是使我们的案例更多地涵盖企业真实场景），图书的销售日期和销售款的到账日
期存在 1 ～ 15 天的滞后，计算当月图书销售实际到账的销售款金额（注意，图书
销售活动可能发生在本月或本月之前，但销售款在本月收到）与当月图书销售账面
的销售款金额（图书销售活动可能发生在本月，但销售款不一定能在本月收到）的
比值。

　　对于这个问题，我们需要将"T3 销售"表中的"T3 销售日期"字段和"T3 到
账日期"字段分别结合"日历"表进行统计。这时，我们需要将"日历"表中的
"Date"字段分别与"T3 销售"表中的"T3 销售日期"字段和"T3 到账日期"字段
建立关联关系，但要注意，在同一时刻，这两个关联关系只能有一个处于活动状态，
也就是说，这两个关联关系不能同时起作用。此时需要使用 USERELATIONSHIP()
函数指定需要调用哪个关联关系。

　　USERELATIONSHIP() 函数的语法格式如下：

```
USERELATIONSHIP ( 筛选表的字段 ， 被筛选表的字段 )
```

USERELATIONSHIP() 函数通常作为 CALCULATE() 函数的筛选器参数使用。为完成上述任务，我们写出如下 DAX 表达式：

```
度量值 3:=
    CALCULATE(
        SUMX('T3 销售 ','T3 销售 '[T3 销售册数 ]*'T3 销售 '[T3 销售单价 ]),
        USERELATIONSHIP(' 日历 '[Date],'T3 销售 '[T3 到账日期 ])
    )
    /
    CALCULATE(
        SUMX('T3 销售 ','T3 销售 '[T3 销售册数 ]*'T3 销售 '[T3 销售单价 ]),
        USERELATIONSHIP(' 日历 '[Date],'T3 销售 '[T3 销售日期 ])
    )
)
```

度量值 3		
年	月份号	汇总
⊟2015	5	0.76119403
2015	6	0.774193548
2015	7	0.589333333
2015	8	1.372492837
2015	9	1.261627907
2015	10	1.445121951
2015	11	0.775700935
2015	12	0.387520525
2015 汇总		0.799823243
⊟2016	1	4.223076923
2016	2	0.839378238
2016	3	0.927631579
2016	4	1.301204819
2016	5	0.090534979
2016	6	1.146881288
2016	7	1.733727811
2016	8	1.125
2016	9	1.020356234
2016	11	0.552147239
2016	12	3.464285714
2016 汇总		1.149928775
⊟2017	1	2.333333333
2017	2	0.331476323
2017	3	2.2
2017	4	3.4
2017	5	1
2017	6	1
2017	8	#NUM!
2017	10	1.060377358
2017	11	0.479289941
2017	12	1.818181818
2017 汇总		1.016276704

上述 DAX 表达式从大结构上来讲只是一个简单的除式，该除式的分子 DAX 表达式和分母 DAX 表达式的结构完全相同，但各自的 USERELATIONSHIP() 函数的参数不同。

分子 DAX 表达式中的 USERELATIONSHIP() 函数激活并调用的是"日历"表中的"Date"字段与"T3 销售"表中的"T3 到账日期"字段之间的关联关系，得到的是按照"T3 到账日期"字段汇总的图书销售册数。

分母 DAX 表达式中的 USERELATIONSHIP() 函数激活并调用的是"日历"表中的"Date"字段与"T3 销售"表中的"T3 销售日期"字段之间的关联关系，得到的是按照"T3 销售日期"字段汇总的图书销售册数。

就这样，在 Power Pivot 超级数据透视表中，将"日历"表中的列拖曳至 Power Pivot 超级数据透视表行标题中，即可得到以"日历"表中的列为分组条件的当月图书销售实际到账的销售款金额与当月图书销售账面的销售款金额的比值，如左图所示。

在上图中，我们看到，2017 年 8 月出现了一个错误值"#NUM!"，表示分母为 0，即当月实际到账的销售款金额为 0。我们可以到原始数据中查看一下，验证发现

2017 年 8 月份确实没有到账金额。

前面提到，USERELATIONSHIP() 函数一般作为 CALCULATE() 函数的筛选器参数使用，它能够在必要时临时激活并调用 Power Pivot 数据模型中已经建立好但尚未激活的表间关联关系，这个临时关联关系的存续期为 CALCULATE() 函数的运算时间，在公式运算完毕后，这个临时关联关系就会被抛弃。

仔细观察 Power Pivot 数据模型，我们发现在 "日历" 表与 "T3 销售" 表之间建立的两个关联关系中，"日历" 表中的 "Date" 字段和 "T3 销售" 表中的 "T3 销售日期" 字段之间的关联关系是实线，在默认状态下本身就是激活的。

因此，我们没有必要用 USERELATIONSHIP() 函数再次激活该关联关系，上述DAX 表达式可以简化为如下格式：

```
度量值 3:=
    CALCULATE(
        SUMX('T3 销售','T3 销售'[T3 销售册数]*'T3 销售'[T3 销售单价]),
        USERELATIONSHIP('日历'[Date],'T3 销售'[T3 到账日期])
    )
    /
    CALCULATE(
        SUMX('T3 销售','T3 销售'[T3 销售册数]*'T3 销售'[T3 销售单价])
    )
```

6.6　EARLIER() 函数

在所有 DAX 函数中，EARLIER() 函数是一个比较复杂的函数，对于初学者来说，理解起来有一些难度。早些时候，由于 Power Pivot 尚不支持 VAR 变量技术，因此，在某些应用场景中，EARLIER() 函数是必不可少的。但是在 Power Pivot 支持 VAR 变量技术后，EARLIER() 函数的大部分应用场景都可以用 VAR 变量技术改写。采用 VAR 变量技术后的 DAX 运算逻辑更加结构化，因此，EARLIER() 函数的应用场景越来越少。

EARLIER() 函数主要用于与自身进行比较，通常嵌套于具有逐行处理能力的筛选函数 FILTER() 中。下面通过一个简单的案例讲解 EARLIER() 函数。

有如下数据分析需求：计算所有图书（在 "T4 图书" 表中）中原始单价高于当前图书原始单价的图书的数量。对于这项任务，我们可以通过在 Power Pivot 数据模型中的 "T4 图书" 表中添加计算列来完成。完成这项任务的计算列公式如下：

```
=COUNTROWS(
```

```
FILTER(
    'T4 图书 ',
    'T4 图书 '[T4 原始单价 ]>EARLIER('T4 图书 '[T4 原始单价 ])
  )
)
```

将上述计算列命名为"高于该定价的书"，则该计算列公式的计算结果如下图所示。

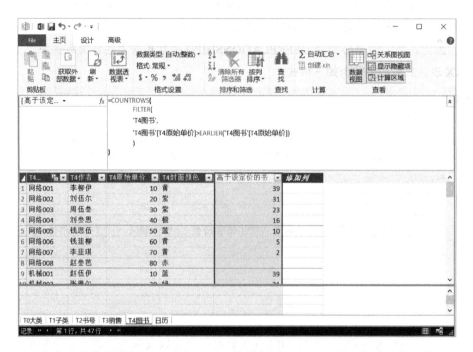

观察上图中的计算结果，我们发现，原始单价为 80 元的图书对应的计算列"高于该定价的书"中的单元格的值为空，即没有比它更贵的图书，符合我们预期的结果。接下来分析这个计算列公式的工作原理。

我们已经知道，FILTER() 函数是逐行处理函数，其计算结果是一个满足特定筛选条件的表。在这个案例中，FILTER() 函数对"T4 图书"表进行逐行处理，对于该表中的每行，都要检测该行是否满足 FILTER() 函数第二个参数指定的筛选条件，将满足筛选条件的行保留在 FILTER() 函数的计算结果中，将不满足筛选条件的行舍弃。

那么问题来了，FILTER() 函数的筛选条件 'T4 图书 '[T4 原始单价]>EARLIER('T4 图书 '[T4 原始单价]) 中有两个相同的字段名称（'T4 图书 '[T4 原始单价]），只在其中一个字段名称外面包裹了一个 EARLIER() 函数。

为了循序渐进地理解 EARLIER() 函数，我们先将 EARLIER('T4 图书 '[T4 原始单价]) 改成具体数值，如 70。将修改后的计算列命名为"定价高于 70 元的书"，则该计算列公式的计算结果如下图所示。

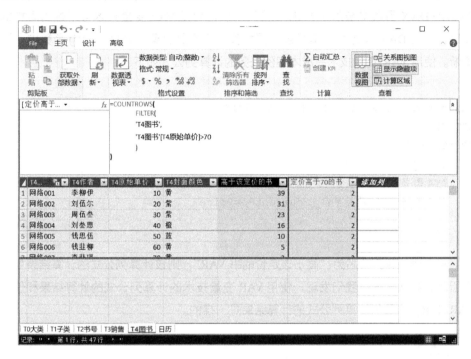

观察上图，我们发现，上述计算列公式的计算结果是 2，即原始单价高于 70 元的图书有两种，事实确实如此。我们的任务不是计算原始单价高于固定数值的图书种类数，而是计算原始单价高于当前图书原始单价的图书种类数，这时，EARLIER() 函数就起作用了，它代表的是 EARLIER() 函数所在行指定字段的数值。我们再看一下原始的计算列公式：

```
=COUNTROWS (
    FILTER(
        'T4 图书 ',
        'T4 图书 '[T4 原始单价 ]>EARLIER('T4 图书 '[T4 原始单价 ])
    )
)
```

在这个计算列公式中的 'T4 图书 '[T4 原始单价]>EARLIER('T4 图书 '[T4 原始单价]) 部分，'T4 图书 '[T4 原始单价] 引用的是"T4 图书"表中的"T4 原始单价"列中的整列内容，而 EARLIER('T4 图书 '[T4 原始单价]) 引用的是 EARLIER() 函数所在行对应的"T4 图书"表中的"T4 原始单价"列中的内容，这样就达到了用整列图书的原始单价和当前图书的原始单价进行比较的目的。

我们可以这样理解 EARLIER() 函数：它能够引用该函数所处数据透视表筛选环境的当前行。在本案例中，EARLIER() 函数还是很有用的，但自从在新版 Power Pivot 的 DAX 函数中增加了 VAR 变量技术后，利用 VAR 变量技术可以达到同样的效果，而且 DAX 表达式的运算逻辑更加直白（不是隐藏在 EARLIER() 函数中）和清晰。使用 VAR 变量技术完成本案例任务的计算列公式如下：

```
=
VAR currentRowPrice='T4 图书 '[T4 原始单价 ]
RETURN
COUNTROWS(
    FILTER(
    'T4 图书 ',
    'T4 图书 '[T4 原始单价 ]>currentRowPrice
    )
)
```

将上述计算列命名为"高于该定价的书 VAR"，则该计算列公式的计算结果如下图所示。观察下图，我们发现，使用 VAR 变量技术的计算列公式的计算结果和使用 EARLIER() 函数的计算列公式的计算结果是一样的。

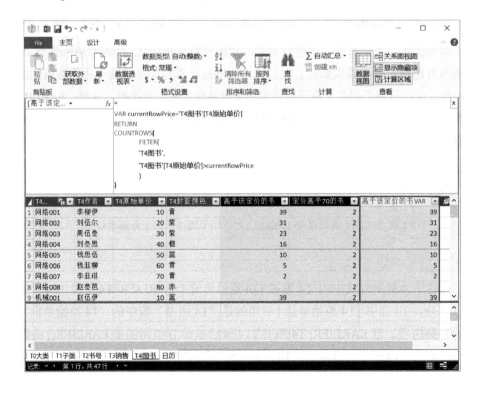

使用 VAR 变量技术的计算列公式的工作原理：首先使用变量 currentRowPrice='T4 图书 '[T4 原始单价] 存储 DAX 表达式所在的当前行中图书的原始单价，然后将 currentRowPrice 作为 FILTER() 函数的测试条件对 "T4 图书" 表中的相关字段进行逐行处理，只保留满足筛选条件的行，最后使用 COUNTROWS() 函数计算出满足筛选条件的行的数量。

第 **7** 章

DAX分析结果的表呈现

到目前为止，我们所介绍的 DAX 案例，计算结果大部分是以 Power Pivot 超级数据透视表的形式呈现的。由于 Power Pivot 数据模型本质上是一种数据库，DAX 本质上是一种数据库查询语言，因此 DAX 能够像关系型数据库查询语言 SQL 一样，直接到 Power Pivot 数据模型中查询、提取和分析数据，并且将 DAX 分析结果以普通 Excel 工作表的形式呈现出来。

7.1 查询求值指令 EVALUATE

本节介绍 DAX 表达式中的查询求值指令 EVALUATE。借助 EVALUATE 指令，我们能够将 DAX 分析结果以普通 Excel 工作表的形式呈现。将 DAX 分析结果以普通 Excel 工作表形式呈现，虽然失去了部分 Power Pivot 超级数据透视表带来的交互性，却带来了其他更有用的特性，如可以更加方便地将 DAX 分析结果作为其他数据分析工具的数据源。

EVALUATE 指令能够对紧随其后的 DAX 表达式进行求值计算，并且将该 DAX 表达式的计算结果以普通 Excel 工作表的形式呈现。EVALUATE 指令与 DAX 函数不同，因为 DAX 函数后面有一对括号，而 EVALUATE 指令后面没有括号，这也是我们将 EVALUATE 称为指令而不是函数的原因。下面结合具体案例讲解 EVALUATE 指令的用法。

由于 EVALUATE 指令的计算结果无须借助 Power Pivot 超级数据透视表即可呈现，因此在 Excel 中，EVALUATE 指令的使用方式和我们熟知的计算列公式和度量值表达式的使用方法大不相同。在当前的 Excel 版本中，EVALUATE 指令的使用步骤如下。

首先，要使用 EVALUATE 指令提取 Power Pivot 数据模型中的数据，必须保证数据是从 Power Pivot 数据模型管理界面的"主页"选项卡中的"获取外部数据"选项组中导入的。

在"获取外部数据"选项组中，可以根据数据源的类型选择相应的数据导入方式。例如，因为本书的案例数据存储于 Access 数据库中，所以可以在"主页"选项卡中的"获取外部数据"选项组中选择"从数据库"→"从 Access"命令，将 Access 数据库中的数据导入 Power Pivot 数据模型中，如下图所示。

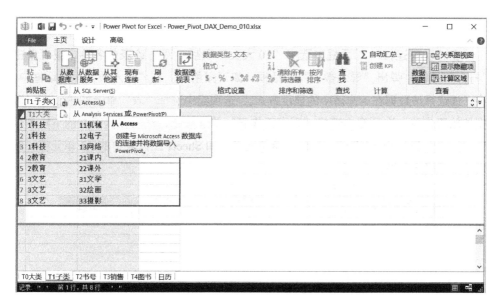

在将数据导入 Power Pivot 数据模型中后，返回 Excel 工作表界面，选择"数据"→"获取转换数据"→"现有连接"命令，即可在弹出的"现有连接"对话框中的"表格"选项卡中看到导入 Power Pivot 数据模型中的所有表。选择一个数据量比较小的表，如"T0 大类"表，如下图所示。其实这时选择哪个表并不重要，这步操作的主要目的只是建立 Excel 工作表和 Power Pivot 数据模型之间的一个数据连接通道。

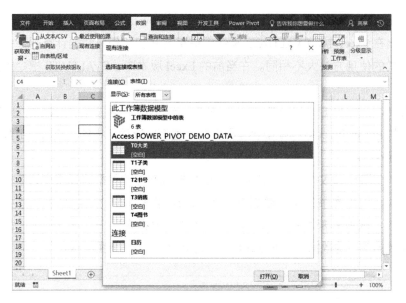

在"现有连接"对话框中选中"T0 大类"表后，双击该表的名称，或者单击"打开"按钮，弹出"导入数据"对话框，如下图所示。在"导入数据"对话框中，在"请选择该数据在工作簿中的显示方式。"选项组中选择"表"单选按钮；在"数据的放置位置"选项组中选择"现有工作表"单选按钮，然后在其下方的下拉列表中选择一个空白 Excel 工作表中的任意单元格，如 Sheet1 工作表中的 A1 单元格，然后单击"确定"按钮。

这时我们看到，"T0 大类"表中的内容已经链接到 Sheet1 工作表中了，如下图所示。注意，Sheet1 工作表与 Power Pivot 数据模型中的"T0 大类"表建立了动态数据链接，其背后包含着与 Power Pivot 数据模型的链接信息。

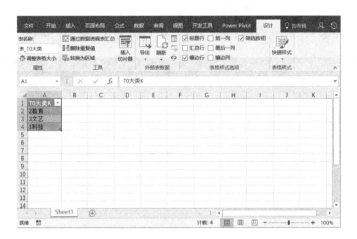

下面使用 DAX 表达式中的 EVALUATE 指令修改这个动态数据链接中的内容，以便在 Excel 工作表中呈现用 DAX 表达式定义的数据分析结果，具体操作如下。

右击表中的任意一个单元格，在弹出的快捷菜单中选择"表格"→"编辑 DAX"命令，弹出"编辑 DAX"对话框，如下图所示。

在"编辑DAX"对话框中的"命令类型"下拉列表中选择"DAX"选项，在下面的"表达式"文本域中输入如下含有EVALUATE指令的DAX表达式，然后单击"确定"按钮，如下图所示。

```
EVALUATE
FILTER('T1子类',CALCULATE(SUM('T3销售'[T3销售册数])))>=30)
```

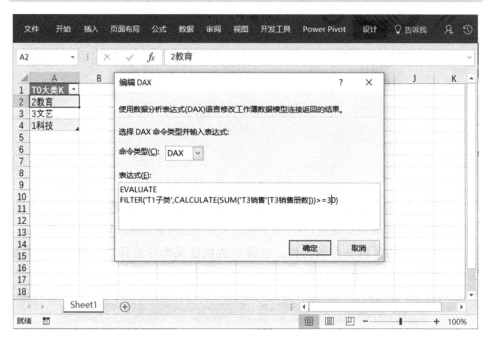

对于EVALUATE指令的功能，我们可以简单地理解为EVALUATE指令能够将其后的DAX表达式的计算结果以普通Excel工作表的形式呈现。因此，在含有EVALUATE指令的DAX表达式中，集中精力关注EVALUATE指令后面的DAX表达式即可。在上述DAX表达式中，EVALUATE指令后面的DAX表达式如下：

```
FILTER('T1子类',CALCULATE(SUM('T3销售'[T3销售册数])))>=30)
```

我们在本书中遇到过多次该类型的DAX表达式。FILTER()函数是一个逐行处理函数，它的功能是对"T1子类"表进行逐行处理：针对"T1子类"表中每行对应的图书子类，只保留销售册数大于或等于30册的图书子类名称，CALCULATE()函数用于传递筛选条件。上述DAX表达式的计算结果如下图所示。这个计算结果是正确的，大家可以到数据源中进行验证。

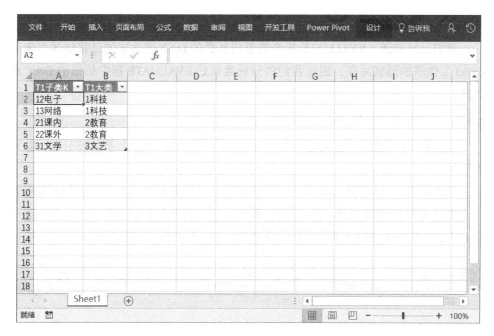

本节介绍了 **EVALUATE** 指令最基础的使用方法，了解了这个方法，我们就可以通过变换不同的 **DAX** 表达式，对数据进行更加灵活地分析与处理。在后面的章节中，我们将结合 **EVALUATE** 指令，介绍几个非常重要的 **DAX** 函数。

7.2　用于表再造的函数

很多时候，我们需要对表进行"再造"。例如，在现有表的基础上进行汇总，增加新的列，只选取表中部分列中的内容，等等。这时，下面这些 **DAX** 函数就派上用场了。

7.2.1　分组汇总函数 SUMMARIZE()

SUMMARIZE() 函数用于对数据进行分组汇总，该函数的官方解释是"针对一系列组所请求的总计返回摘要表"。这个解释不但难理解，而且非常拗口。这句话翻译过来是，**SUMMARIZE()** 函数能够以指定表中的一列或多列为分组标准，然后根据该分组标准，对表中的其他列进行特定的汇总计算，其作用与 Excel 工作表的 **SUBTOTAL()** 函数类似。

下面结合实际案例进行讲解。观察下面的 **DAX** 表达式：

```
EVALUATE
```

```
SUMMARIZE('T1子类','T1子类'[T1大类])
```

我们已经知道，EVALUATE 指令能够将其后的 DAX 表达式的计算结果以普通 Excel 工作表的形式呈现，因此我们的分析重点是 EVALUATE 指令后面的 DAX 表达式：

```
SUMMARIZE('T1子类','T1子类'[T1大类])
```

上述 DAX 表达式的含义是，对"T1 子类"中的"T1 大类"列进行分组，并且得到每个组别中的内容。

我们知道，"T1 子类"表中的"T1 大类"列中有重复值（多个图书子类属于同一个图书大类），但在按照"T1 子类"表中的"T1 大类"列进行分组后，就得到了"T1 子类"表中的"T1 大类"列的不重复值，其计算结果如下图所示。

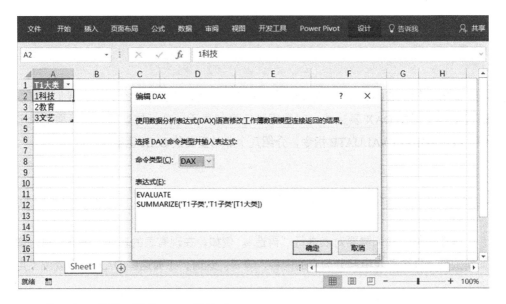

接下来，观察下面的 DAX 表达式：

```
EVALUATE
SUMMARIZE('T1子类','T1子类'[T1子类K],'T1子类'[T1大类])
```

上述 DAX 表达式的作用是，对"T1 子类"表中的"T1 子类 K"列和"T1 大类"列进行分组，其计算结果如下图所示。事实上，所谓的分组操作类似于我们以前介绍的 VALUES() 函数的压重操作。

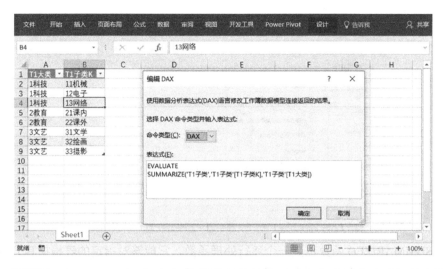

前面展示了 SUMMARIZE() 函数最基本的功能，即在指定的表中选择特定的几列，然后得到这几列的不重复组合。

SUMMARIZE() 函数在分组操作方面类似 VALUES() 函数，不同的是 VALUES() 函数只能有一个参数，并且只能得到一列的不同值；而 SUMMARIZE() 函数可以接收表中的多列作为参数，并且得到几个列的不同组合。更重要的是，SUMMARIZE() 函数能够像 VALUES() 函数一样，在运算中保持 Power Pivot 数据模型中各表间原有的关联关系。在这一点上，我们可以称 SUMMARIZE() 函数为升级版的 VALUES() 函数。因此，我们给它起个别名为 VALUES-PLUS。

至此，我们展示了 SUMMARIZE() 函数的分组功能。事实上，SUMMARIZE() 函数除了能够接收前面介绍的必须提供的分组参数，还可以接收额外汇总参数，以便按照指定的分组进行各种数据汇总计算。观察下面的 DAX 表达式：

```
EVALUATE
SUMMARIZE(
    'T3 销售 ',
    'T3 销售 '[T3 书号 ],
    "销售册数 ",SUM('T3 销售 '[T3 销售册数 ])
)
```

在上述 DAX 表达式中，利用 SUMMARIZE() 函数，不仅在"T3 销售"表中实现了按"T3 销售"表中的"T3 书号"列分组，而且针对每个分组，增加了根据该分组对"T3 销售"表中的"T3 销售册数"列进行由 SUM() 函数指定的汇总计算。将该汇总计算得到的列命名为"销售册数"。上述 DAX 表达式的计算结果如下图所示。

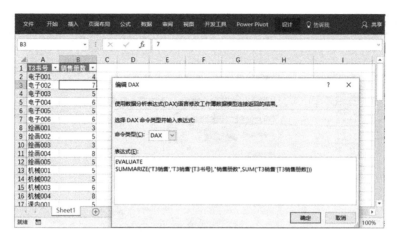

SUMMARIZE() 函数也是一个逐行处理函数，它能够对指定的表根据其分组参数进行分组，从而得到不重复的组别，然后对每个组别进行其汇总参数指定的汇总计算。

接下来，让我们增加一点难度。对"T1 子类"表中的"T1 子类 K"列进行分组，并且根据 Power Pivot 数据模型中的表间关联关系，计算每个图书子类的图书销售册数，对应的 DAX 表达式如下：

```
EVALUATE
SUMMARIZE(
    'T1 子类 ','T1 子类 '[T1 子类 K],
    " 销售册数 ",SUM('T3 销售 '[T3 销售册数 ])
)
```

上述 DAX 表达式的计算结果如下图所示。

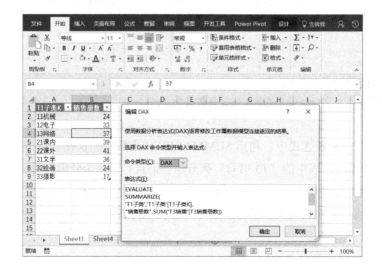

这里，我们发现，SUMMARIZE() 函数不借助 CALCULATE() 函数也可以进行表间筛选限制的传递，从而得到正确结果。尽管如此，为了避免可能出现的错误，我们还是与其他逐行处理函数的使用习惯保持一致，在 SUMMARIZE() 函数的汇总参数外面包裹一个 CALCULATE() 函数。修改后的 DAX 表达式如下：

```
EVALUATE
SUMMARIZE(
    'T1子类','T1子类'[T1子类K],
    "销售册数",CALCULATE(SUM('T3销售'[T3销售册数]))
)
```

上述 DAX 表达式的计算结果如下图所示。

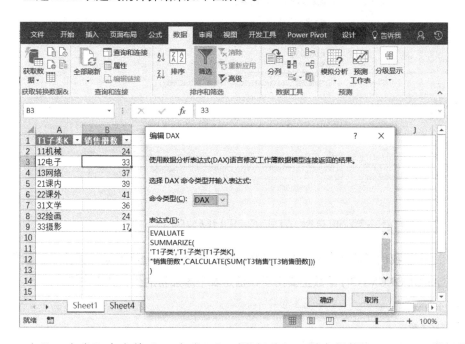

对"T0 大类"表中的"T0 大类 K"列进行分组，并且根据 Power Pivot 数据模型中的表间关联关系，计算每个图书大类的销售册数，DAX 表达式如下：

```
EVALUATE
    SUMMARIZE(
    'T0大类','T0大类'[T0大类K],
    "销售册数",CALCULATE(SUM('T3销售'[T3销售册数]))
)
```

上述 DAX 表达式的计算结果如下图所示。我们注意到，"销售册数"列竟然跑到了"T0 大类 K"列的前面。这说明 SUMMARIZE() 函数只关心计算结果的数据是否正确，而不关心排列顺序。我们可以按照如下方法调整列的顺序：选中要调整的列，按住 **Shift** 键的同时将光标放在列号下方的分隔线处并移动，在光标变成四向十字后，按住鼠标左键，将该列拖曳至所需的位置即可。

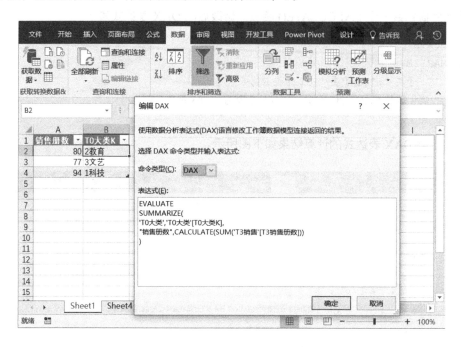

7.2.2　增加计算列函数 ADDCOLUMNS()

上一节我们了解到，**SUMMARIZE()** 函数主要用于分组汇总计算。本节我们介绍的 **ADDCOLUMNS()** 函数主要用于在指定表中添加新的列，其语法格式如下：

```
ADDCOLUMNS (
    表名称，
    新增第 1 列的列名，新增第 1 列的 DAX 表达式，
    新增第 2 列的列名，新增第 2 列的 DAX 表达式，
    ...
)
```

下面看一个案例，下面的 DAX 表达式的功能是在"**T0 大类**"表的基础上添加列，并且计算出每个图书大类的销售金额显示在该列中。

```
EVALUATE
ADDCOLUMNS (
'T0 大类 ',
    "销售额",
```

```
CALCULATE(
SUMX('T3销售','T3销售'[T3销售册数]*'T3销售'[T3销售单价])
)
)
```

上述 DAX 表达式的计算结果如下图所示。

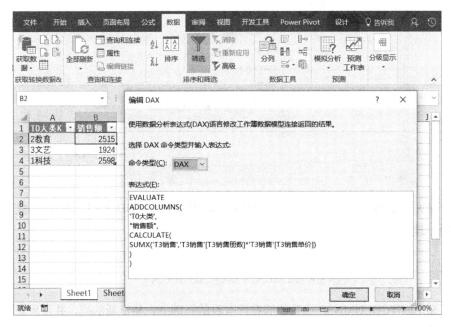

下面再看一个案例，下面的 DAX 表达式的功能是在"T1 子类"表的基础上添加一列，并且计算出每个图书子类的销售金额显示在该列中。

```
EVALUATE
ADDCOLUMNS
(
'T1子类',
"销售额",
CALCULATE(
    SUMX('T3销售','T3销售'[T3销售册数]*'T3销售'[T3销售单价])
    )
)
```

上述 DAX 表达式的计算结果如下图所示。

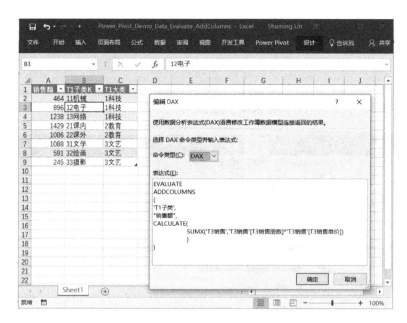

最后，还要郑重提示一下，**SUMMARIZE()** 函数、**ADDCOLUMNS()** 函数也是逐行处理函数。

7.2.3 构造新表函数 SELECTCOLUMNS()

SELECTCOLUMNS() 函数能够在已有表的基础上，构造新的列，并且用新的列构造成一个新表，其语法格式如下：

```
SELECTCOLUMNS(
    表名称,
    新列名 1,  DAX 表达式 1,
    新列名 2,  DAX 表达式 2,
    ...
)
```

该函数中各个参数的含义如下。

- 表名称：可以是一个实体表，也可以是一个计算结果是表的 **DAX** 表达式。
- 新列名：新生成的列的名称，必须用双引号括起来。
- **DAX** 表达式：任何计算结果是一个数字、日期或文本的 **DAX** 表达式，作为新生成的列中的内容。

SELECTCOLUMNS() 函数的计算结果是一个表，表的行数等于该函数第一个参数所指定的表的行数，表的列数由该函数后面的新列名及其 **DAX** 表达式的对数决定，有多少对新列名及其 **DAX** 表达式，**SELECTCOLUMNS()** 函数新生成的表就有多少列。注意，SELECTCOLUMNS() 函数也是一个逐行处理函数。

　　SELECTCOLUMNS() 函数与 ADDCOLUMNS() 函数的相同点：接收的参数的数据类型相同。

　　SELECTCOLUMNS() 函数与 ADDCOLUMNS() 函数的不同点：SELECTCOLUMNS() 函数生成的表可以不包含其第一个参数指定的表中的列，而 ADDCOLUMNS() 函数是在其第一个参数指定的表中添加新的列。

　　SELECTCOLUMNS() 函数结合其他 DAX 函数能够实现超级灵活的数据分析报表布局设计。观察下面的 DAX 表达式：

```
EVALUATE
SELECTCOLUMNS(
    'T0 大类',
    "图书大类",'T0 大类'[T0 大类 K],
    "图书子类个数",CALCULATE(DISTINCTCOUNT('T1 子类'[T1 子类 K])),
    "图书销售额",CALCULATE(SUMX('T3 销售','T3 销售'[T3 销售册数]*'T3 销
售'[T3 销售单价]))
)
```

　　上述 DAX 表达式在"T0 大类"表的基础上构造新的表，SELECTCOLUMNS() 函数是一个逐行处理函数，因此，它会针对"T0 大类"表中的每个图书大类，到"T1 子类"表中计算有多少个不重复的图书子类，同时到"T3 销售"表中计算该图书大类的销售金额。注意这里的 CALCULATE() 函数的作用是传递表间筛选限制。上述 DAX 表达式的计算结果如下图所示。

7.2.4 生成只有一行的表的函数 ROW()

ROW() 函数用于生成只有一行的表，这个表可以有多列，每列中的内容由它对应的 DAX 表达式的参数决定，其语法格式如下：

```
ROW(
    列名1，表达式1，
    列名2，表达式2，
    ...
)
```

观察下面的 DAX 表达式：

```
EVALUATE
ROW(
"科技类销售册数",CALCULATE(SUM('T3销售'[T3销售册数]),'T0大类'[T0大类
K]="1科技"),
"教育类销售册数",CALCULATE(SUM('T3销售'[T3销售册数]),'T0大类'[T0大类
K]="2教育"),
"文艺类销售册数",CALCULATE(SUM('T3销售'[T3销售册数]),'T0大类'[T0大类
K]="3文艺")
)
```

上述 DAX 表达式的计算结果如下图所示。

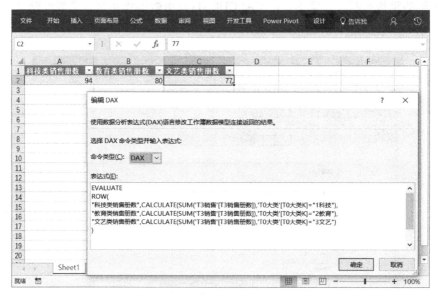

ROW() 函数比较简单，不再详细讲解。

7.2.5 在 EVALUATE 指令中使用度量值表达式

EVALUATE 指令的应用非常灵活，如果我们对 Power Pivot 数据模型中的表间关联关系非常熟悉，那么可以用 DEFINE MEASURE 关键字在 EVALUATE 指令前面定义度量值表达式，然后在 EVALUATE 指令后面的 DAX 表达式中引用该度量值表达式。

在下面的案例中，我们用 DEFINE MEASURE 关键字在 "T3 销售" 表中定义了一个名为 "[bookQty]" 的度量值表达式，然后在 EVALUATE 指令后面的 DAX 表达式中调用了它。

```
DEFINE
    MEASURE 'T3 销售 '[bookQty] = SUM('T3 销售 '[T3 销售册数 ])
EVALUATE
    SUMMARIZE('T1 子类 ','T1 子类 '[T1 子类 K]," 销售册数 ",[bookQty])
```

上述 DAX 表达式的计算结果如下图所示。

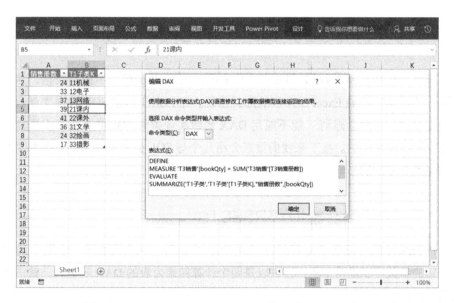

在下面的案例中使用了 ADDCOLUMNS() 函数，在 "T1 子类" 表的基础上添加了一列 "销售册数"，具体 DAX 表达式如下：

```
DEFINE
    MEASURE 'T3 销售 '[bookQty] = SUM('T3 销售 '[T3 销售册数 ])
EVALUATE
    ADDCOLUMNS('T1 子类 '," 销售册数 ",[bookQty])
```

上述 DAX 表达式的计算结果如下图所示。

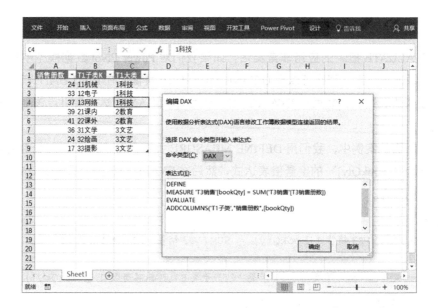

7.3　几个仿 SQL 查询功能的 DAX 函数

既然我们可以用 EVALUATE 指令到 Power Pivot 数据模型中提取数据，并且将提取出的数据以普通 Excel 工作表的形式呈现，那么对于熟悉 SQL 数据库查询语言的读者来说，可能会想到：能不能用 DAX 函数实现类似 SQL 数据库查询语言的功能呢？答案是肯定的。接下来我们重点介绍几个与 SQL 数据库查询语言基本功能非常相似的 DAX 函数。

7.3.1　交集查询函数 INTERSECT()

INTERSECT() 函数的功能是生成两个表的交集，并且保留第一个表中的重复值，它的参数可以是两个表，也可以是两个计算结果为表的 DAX 表达式，其语法格式如下：

```
INTERSECT(表1, 表2)
```

INTERSECT() 函数的计算结果为一个新生成的表，这个表中包含两个表中共有的行。

注意：如果 T1、T2 分别代表两个表，那么在一般情况下，INTERSECT(T1, T2) 与 INTERSECT(T2, T1) 会得到不一样的结果，如下面的示意图所示。

T1	表T2	INTERSECT(T1,T2)	INTERSECT(T2,T1)
T1列标题	T2 列标题	T1 列标题	T2 列标题
A	B	B	B
A	C	B	C
B	D	B	D
B	D	C	D
B	D	D	D
C	E	D	
D		D	
D			

INTERSECT() 函数会保留第一个表中的重复行，如果某行在表 1 中并且符合 INTERSECT() 函数的保留条件，那么该行及其重复行都会保留在 INTERSECT() 函数的计算结果中，并且 INTERSECT() 函数的计算结果会保留表 1 的列名。此外，INTERSECT() 函数计算得到的表会保留表 1 在 Power Pivot 数据模型中的表间关联关系，不会受表 2 的表间关联关系影响。例如，如果 INTERSECT() 函数的参数表 1 与 Power Pivot 数据模型中的另一个表建立了关联关系，那么在 INTERSECT() 函数的计算结果得到的新表中，尽管行数可能会减少，但原来表 1 与 Power Pivot 数据模型中的另一个表间的关联关系依然存在，不会被破坏。观察下面的 DAX 表达式：

```
EVALUATE
INTERSECT(
    VALUES('T4 图书 '[T4 书号 K]),
    CALCULATETABLE(VALUES('T3 销售 '[T3 书号 ]),'T0 大类 '[T0 大类 K]="1 科技 ")
)
```

上述 DAX 表达式的计算结果如下图所示。

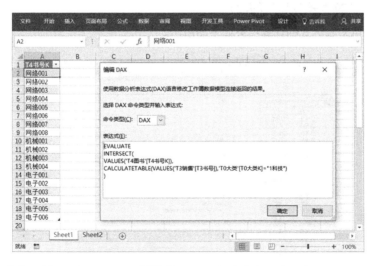

在上述使用了 INTERSECT() 函数的 DAX 表达式中，表 1 如下：

```
VALUES('T4 图书 '[T4 书号 K]),
```

得到的是所有图书的书号，表2如下：

```
CALCULATETABLE(VALUES('T3销售'[T3书号]),'T0大类'[T0大类K]="1科技")
```

得到的只有"1科技"图书大类中的图书书号。

因此INTERSECT(表1,表2)得到的是表1、表2共有的书号，即只有"1科技"图书大类中的图书书号。

7.3.2 交叉连接函数CROSSJOIN()

CROSSJOIN()函数会计算两个或两个以上表的笛卡尔积。简单理解就是，如果用表1和表2作为CROSSJOIN()函数的参数，其中，表1中有R1行C1列，表2中有R2行C2列，那么CROSSJOIN()函数的计算结果会是一个有R1×R2行、C1+C2列的新表。CROSSJOIN()函数的语法格式如下：

```
CROSSJOIN(
    表1,
    表2,
    ...
)
```

注意：作为CROSSJOIN()函数的参数的每个表中的列名不能重复，否则会报错。观察下面的DAX表达式：

```
EVALUATE
CROSSJOIN('T0大类','T1子类')
```

上述DAX表达式的计算结果如下图所示。

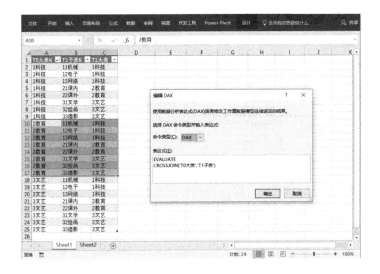

我们知道，"T0 大类"表中有 3 行 1 列，"T1 子类"表中有 8 行 2 列，因此 CROSSJOIN() 函数的计算结果得到的新表共有 24（3×8）行、3（1+2）列。

7.3.3 将两个表做减法的函数 EXCEPT()

EXCEPT() 函数也是一个逐行处理函数，它的功能是对作为参数的两个表进行比较，比较结果是一个新表，在该新表中显示第一个表与第二个表中不同的记录。需要注意的是，EXCEPT() 函数要求作为参数的两个表必须有相同的列数，否则会报错。

观察下面的 DAX 表达式：

```
EVALUATE
EXCEPT('T1 子类 ','T2 书号 '),
```

上述 DAX 表达式的计算结果如下图所示。

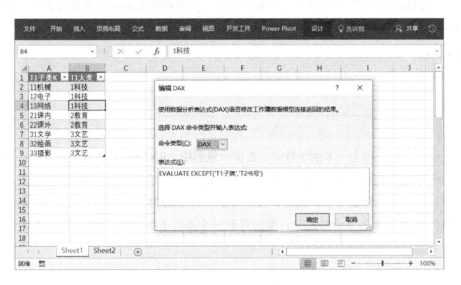

使用 EXCEPT() 函数，首先要保证两个表中有相同的列数。我们知道，"T1 子类"表和"T2 书号"表都是有两列的表，符合条件。EXCEPT() 函数会用"T1 子类"表中的每行与"T2 书号"表中的所有行进行比较，如果在"T2 书号"表中存在完全相同的行，则"T1 子类"表中的这一行不会保留在计算结果中，否则"T1 子类"表中的这一行会保留在计算结果中。

在上面的案例中，"T1 子类"表和"T2 书号"表中没有任何一行完全相同，因此"T1 子类"表中的所有行都会保留在计算结果中，计算结果与"T1 子类"表中的内容完全相同。

EXCEPT() 函数的功能示意图如下图所示。

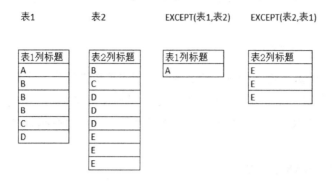

7.3.4 连接表函数 UNION()

UNION() 函数的功能是将两个或两个以上具有相同列数的表在垂直方向上合并成一个大表，其语法格式如下：

```
UNION(
    表1,
    表2,
    ...
)
```

这里我们使用上一节的示意图。在该示意图中，EXCEPT(' 表 1',' 表 2') 的计算结果为一个 1 行 1 列的表，EXCEPT(' 表 2',' 表 1') 的计算结果为一个 3 行 1 列的表，两个表列数相同，都是一列。因此，我们可以使用 UNION() 函数将 EXCEPT() 函数计算得到的两个表上下合并起来，最后得到一个 4 行 1 列的表，相应的 DAX 表达式如下：

```
EVALUATE
UNION(
    EXCEPT('表1','表2'),
    EXCEPT('表2','表1')
)
```

上述 DAX 表达式的计算逻辑如下面的示意图所示。

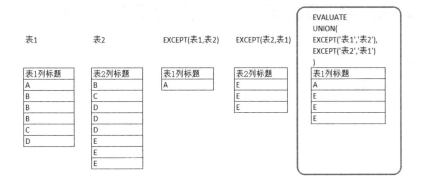

在使用 UNION() 函数时，需要注意：作为参数的表必须具有相同的列数，所有表都会按列的位置在垂直方向上合并。UNION() 函数的计算结果生成的表的列标题以第一个表中的列标题为准，重复行也会保留在计算结果生成的表中。

7.3.5　IN 操作符与 CONTAINSROW() 函数

本节介绍 DAX 操作符 IN。IN 不是 DAX 函数，而是 DAX 中的一个操作符，用于判断在一个表中的某列中是否包含某个字符串列表中的值。IN 操作符一般在 DAX 函数的筛选条件中使用。

本节还会介绍 EVALUATE 指令的一个新的知识点：在使用 EVALUATE 指令时，可以借助 ORDER BY 关键字对 EVALUATE 指令的计算结果生成的表按照指定字段进行排序。

下面的 DAX 表达式会对"T4 图书"表进行筛选，筛选出"T4 封面颜色"字段的值为 {"黄","绿","青"} 的行，并且将计算结果按"T4 封面颜色"字段进行升序排列。如果要对计算结果进行降序排列，则在下面的 DAX 表达式后面加上 DESC关键字；如果要对计算结果进行升序排列，则在下面的 DAX 表达式后面加上 ASC关键字，默认是升序排列。

```
EVALUATE
FILTER('T4 图书 ', [T4 封面颜色 ] IN { "黄", "绿", "青" })
ORDER BY [T4 封面颜色 ]
```

上述 DAX 表达式的计算结果如下图所示。

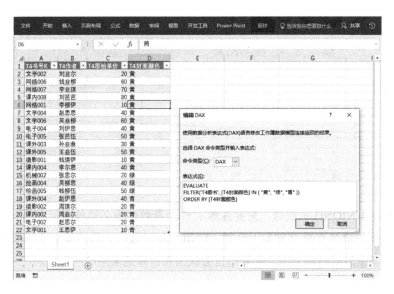

借助 NOT 操作符，我们还可以进行反向操作。下面的 DAX 表达式会对"T4 图书"表进行筛选，筛选出"T4 封面颜色"字段的值不为 {"黄","绿","青"} 的行。

```
EVALUATE
FILTER('T4 图书', NOT [T4 封面颜色] IN { "黄", "绿", "青" })
ORDER BY [T4 封面颜色]
```

上述 DAX 表达式的计算结果如下图所示。

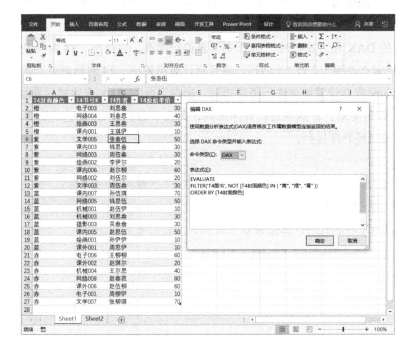

如果不使用 IN 操作符，却想达到与 IN 操作符相同的效果，DAX 还为我们提供了 CONTAINSROW() 函数。DAX 函数与操作符不同的是，DAX 函数名称后面有一对括号 "()"，用于接收所需的参数，而操作符后面没有这对括号。

下面的 DAX 表达式会对 "T4 图书" 表进行筛选，只保留 "T4 封面颜色" 字段的值为 {" 黄 "," 绿 "} 的行。

```
EVALUATE
FILTER(
    'T4 图书 ',
    CONTAINSROW({" 黄 ", " 绿 "}, [T4 封面颜色 ])
)
ORDER BY [T4 封面颜色 ]
```

上述 DAX 表达式的计算结果如下图所示。

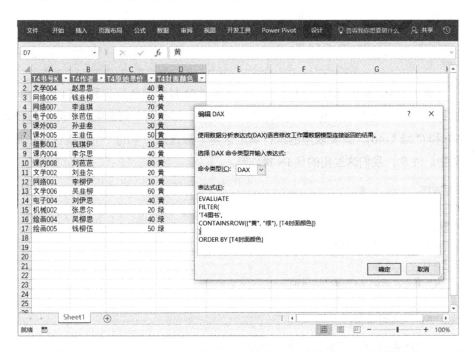

下面的 DAX 表达式对 "T4 图书" 表进行筛选，不保留 "T4 封面颜色" 字段的值为 {" 黄 "," 绿 "} 的行。

```
EVALUATE
FILTER(
'T4 图书 ', NOT CONTAINSROW({" 黄 ", " 绿 "}, [T4 封面颜色 ])
)
ORDER BY [T4 封面颜色 ]
```

上述 DAX 表达式的计算结果如下图所示。

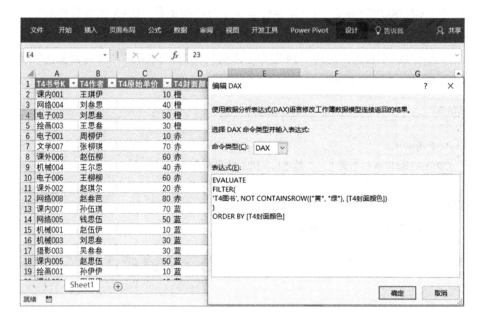

下面的 DAX 表达式对"T4 图书"表中的"T4 封面颜色"列和"T4 原始单价"列进行筛选，筛选条件为 {(" 黄 ", 60),(" 绿 ", 40)}，即有两个筛选条件，分别是 (" 黄 ", 60) 和 (" 绿 ", 40)，只要表中的某行满足这两个筛选条件中的一个，就保留在筛选结果中。注意，我们这里用的是 IN 操作符。

```
EVALUATE
FILTER(
'T4 图书 ',
    ([T4 封面颜色 ],[T4 原始单价 ])
    IN
    {(" 黄 ", 60),(" 绿 ", 40)}
)
ORDER BY [T4 封面颜色 ]
```

上述 DAX 表达式的计算结果如下图所示。

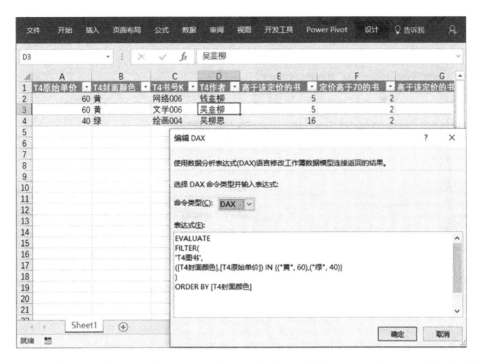

下面的 **DAX** 表达式对"**T4** 图书"表中的"**T4** 封面颜色"列和"**T4** 原始单价"进行筛选，筛选条件为 {(" 黄 ", 60),(" 绿 ", 40)}，即有两个筛选条件，分别是 (" 黄 ", 60) 和 (" 绿 ", 40)，只要表中的某行满足这两个筛选条件中的一个，就保留在筛选结果中。注意，这次我们用的是 **CONTAINSROW()** 函数。

```
EVALUATE
FILTER(
    'T4 图书 ',
    CONTAINSROW(
        {(" 黄 ", 60),(" 绿 ", 40)},
        [T4 封面颜色 ],[T4 原始单价 ]
    )
)
ORDER BY [T4 封面颜色 ]
```

上述 **DAX** 表达式的计算结果如下图所示。

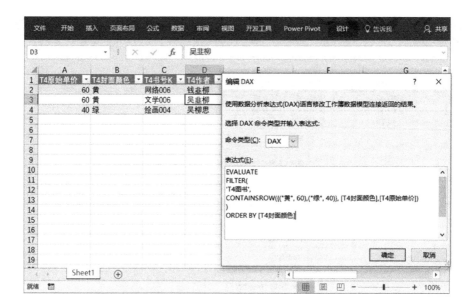

第 **8** 章

Power Pivot与DAX的综合案例

本章我们使用一个综合案例对本书内容加以回顾，以便加深大家对所学知识的理解，同时对一些在相关章节没有机会介绍的内容加以补充。

本章的案例同样是基于本书一直使用的图书销售数据。我们知道，在一个书店中，每天都有图书销售事件发生，如果你是书店的经营者，那么请你逐月分析以下数据。

- 每个月和上一个月相比，哪些图书上个月没有销量，而这个月有销量（称为新增销售）？
- 每个月和上一个月相比，哪些图书这个月没有销量，而上个月有销量（称作流失销售）？

虽然本书使用的案例都是有关图书销售的，但是这种数据分析方法可以用于其他多种情况，如分析某公司员工新增与流失情况。

关于上述两个数据分析需求的实现过程，让我们从头说起。

假设所有原始数据都存储于 Excel 工作表中，共有五个 Excel 工作表，每个 Excel 工作表中只存储一类数据，根据 Excel 工作表的名称，我们可以知道每个工作表中存储的数据的大致内容。这些数据我们已经在本书中介绍过很多次，这里不再详细介绍。

由于要使用 Power Pivot 超级数据透视表对数据进行动态分析，因此第一步需要将这些数据加载到 Power Pivot 数据模型中。

我们前面介绍过，当数据存储于 Access 数据库中时如何将这些数据加载到 Power Pivot 数据模型中。本章我们讲解当数据存储于 Excel 工作表中时如何将这些数据加载到 Power Pivot 数据模型中。将数据从 Excel 工作表中加载到 Power Pivot 数据模型中，是我们做数据分析时常用的方法。

首先，将最重要的销售数据加载到 Power Pivot 数据模型中。单击"T3 销售"工作表中的任意一个单元格。然后选择"Power Pivot"→"表格"→"添加到数据模型"命令，如下图所示。

由于 Power Pivot 数据模型是由一个个相互关联的表构成的，在将数据加载到 Power Pivot 数据模型中时，Power Pivot 需要先将 Excel 数据区域转化成数据表，因此会弹出"创建表"对话框，如下图所示，目的是将普通的含有数据的 Excel 数据区域转化成 Power Pivot 数据模型承认的数据表。这里需要注意，由于我们的数据具有标题行，因此我们必须在"创建表"对话框中勾选"我的表具有标题"复选框。

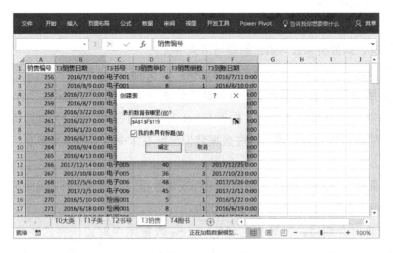

单击"确定"按钮，Excel 跳转至 Power Pivot 数据模型管理界面，我们看到，"T3 销售"工作表中的数据已经加载到 Power Pivot 数据模型管理界面中了。但是，表下

方的标签显示的不是"T3销售"，而是"表1"。这是因为，在前面创建表的步骤中，Excel默认给这个新创建的数据表命名为"表1"，并且将这个名字带入Power Pivot数据模型管理界面中了。

为了便于理解，我们将Power Pivot数据模型管理界面中的数据表的名称与原Excel工作表的名称保持统一。右击数据表标签，在弹出的快捷菜单中选择"重命名"命令，将数据表的名称改为"T3销售"，如下图所示。

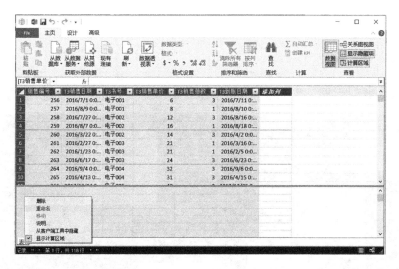

接下来，我们用同样的方法将其他工作表中的数据加载到Power Pivot数据模型管理界面中，并且将Power Pivot数据模型中的数据表的名称依次改为与其对应的Excel工作表的名称。修改后的Power Pivot数据模型管理界面如下图所示，当前选中的是"T0大类"表。

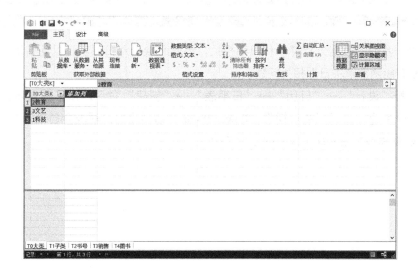

现在，我们已经将所有 Excel 工作表中的数据加载到 Power Pivot 数据模型管理界面中了，是否可以开始数据分析了？错！ Power Pivot 与 DAX 最重要、最核心的东西是什么？当然是建立数据模型啦！没有数据模型，DAX 表达式如何发挥作用呢？

在本书中，我们用了大量篇幅介绍 Power Pivot 数据模型的创建方法，这里不再重复介绍。这里直接给出已经建好的 Power Pivot 数据模型管理界面，如下图所示。

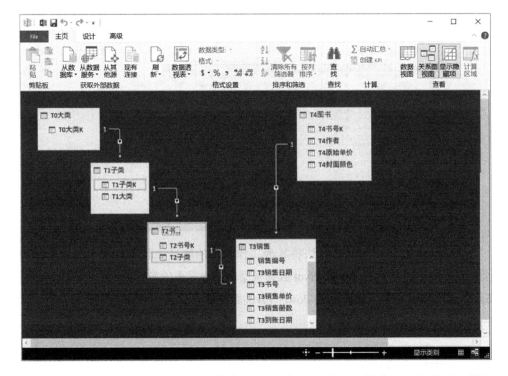

由于我们的数据分析需求和日期相关，因此必须引入日期表，以便借助日期表和日期智能函数解决日期相关问题。

选择"设计"→"日历"→"日期表"→"新建"命令，如下图所示，即可创建一个名为"日历"的日期表。Power Pivot 自动创建的日期表会自动涵盖 Power Pivot 数据模型中所有表中涉及的日期范围。

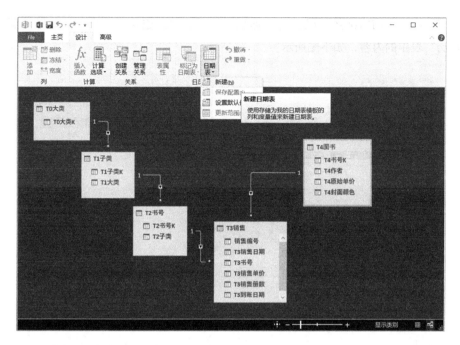

由于我们设计的 DAX 表达式会借助"日历"表操纵 Power Pivot 数据模型中的相关表，因此必须建立"日历"表与相关表的关联关系。选中"日历"表中的"Date"字段，将其拖曳至"T3 销售"表中的"T3 销售日期"字段，建立"Date"字段与"T3 销售日期"字段的"一对多"关系，如下图所示。

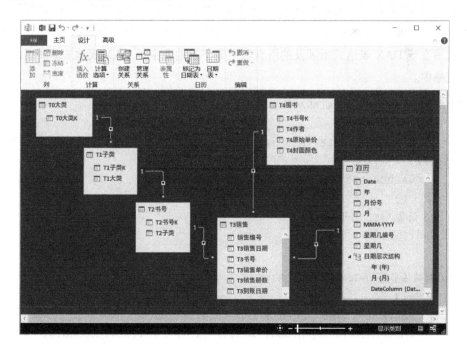

返回 Power Pivot 数据模型的数据视图界面，并且选中"日历"表，即可看到"日历"表中的内容，如下图所示。

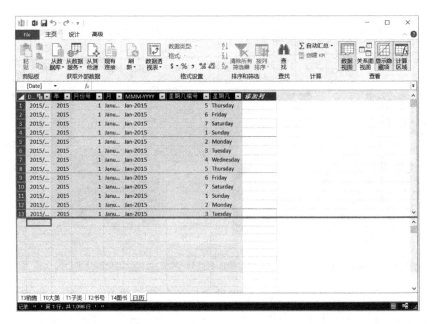

在"T3 销售"表的 DAX 表达式编辑区中的单元格中输入如下两个 DAX 表达式，如下图所示。之所以在"T3 销售"表的 DAX 表达式编辑区中的单元格中输入这两个 DAX 表达式，是因为这两个 DAX 表达式所涉及的所有表中，"T3 销售"表是处于 Power Pivot 数据模型中"一对多"关系中最下游的表。我们通常将 DAX 表达式写在该 DAX 表达式所涉及的所有表中最下游的表中的 DAX 表达式编辑区中的单元格中。

```
这个月少销售书籍 :=CONCATENATEX(
    EXCEPT(
        CALCULATETABLE(VALUES('T3 销售 '[T3 书号 ]),PREVIOUSMONTH(' 日历 '
[Date])),
        VALUES('T3 销售 '[T3 书号 ])
    ),
    'T3 销售 '[T3 书号 ],","
)
```

```
这个月新销售书籍 :=CONCATENATEX(
    EXCEPT(
        VALUES('T3 销售 '[T3 书号 ]),
        CALCULATETABLE(VALUES('T3 销售 '[T3 书号 ]),PREVIOUSMONTH(' 日历 '
```

```
[Date]))
    ),
    'T3 销售 '[T3 书号],","
)
```

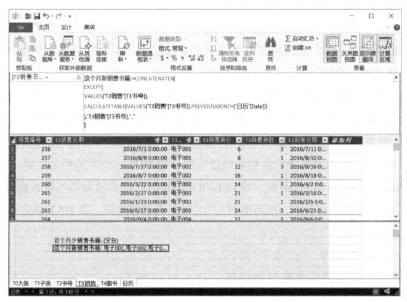

下面解析这两个 DAX 表达式。先看 DAX 表达式"这个月少销售书籍"，我们将它重新抄写在下面：

```
这个月少销售书籍 :=CONCATENATEX(
    EXCEPT(
        CALCULATETABLE(VALUES('T3 销售 '[T3 书号]),PREVIOUSMONTH(' 日历 '
[Date])),
        VALUES('T3 销售 '[T3 书号])
    ),
    'T3 销售 '[T3 书号],","
)
```

要计算当前月比上个月少销售了哪些图书，首先要知道这个月销售了哪些图书和上个月销售了哪些图书。

计算当前月销售了哪些图书非常简单，初步想法是，只要在 Power Pivot 超级数据透视表中，以"日历"表中的"年"字段、"月份号"字段为 Power Pivot 超级数据透视表行标题，然后将 DAX 表达式 VALUES('T3 销售 '[T3 书号]) 拖曳至 Power Pivot 超级数据透视表值区域中即可。但是由于 DAX 表达式 VALUES('T3 销售 '[T3 书号]) 的计算结果是一个只有一列并且没有重复值的图书列表，因此不可以直接将

DAX 表达式 VALUES('T3 销售 '[T3 书号]) 拖曳至 Power Pivot 超级数据透视表值区域中,因为 Power Pivot 超级数据透视表值区域中的单元格中只能显示数值,不能显示表。我们必须借助 CONCATENATEX() 函数将这个只有一列的表转换成用指定符号连接的长字符串,其 DAX 表达式如下:

```
CONCATENATEX(VALUES('T3 销售 '[T3 书号 ]),'T3 销售 '[T3 书号 ],",")
```

在本案例中,我们无须将这个图书列表直接显示出来,它只是我们最终设计的 DAX 表达式的一个中间量。

在计算出当前月销售了哪些图书后,由于要和上个月的销售数据进行对比,因此还需要计算出上个月销售了哪些图书,此时就需要借助日期智能函数了。

由于前面已经建立了"日历"表与"T3 销售"表之间的"一对多"关联关系,因此,对"日历"表的筛选操作会相应地筛选出"T3 销售"表中的相关数据。就这样,借助 CALCULATETABLE() 函数,用 PREVIOUSMONTH() 函数取得当前数据透视表筛选环境中上个月的所有日期,从而得到上个月的所有销售数据,其 DAX 表达式如下:

```
CALCULATETABLE(
    VALUES('T3 销售 '[T3 书号 ]),
    PREVIOUSMONTH(' 日历 '[Date])
)
```

这里需要再次强调,与 CALCULATE() 函数一样,CALCULATETABLE() 函数先执行第二个参数(筛选器参数),后执行第一个参数(汇总参数)。

到目前为止,我们已经得到了当前月和上个月的图书销售种类表,接下来,我们需要对这两个表进行对比,以便找出两个表间的差异。此处可以使用 EXCEPT() 函数实现。

针对本案例,找出上个月和这个月图书销售种类差异的 DAX 表达式如下,EXCEPT() 函数的两个参数分别是上个月和当前月的图书销售种类表。

```
EXCEPT(
    CALCULATETABLE(VALUES('T3 销售 '[T3 书号 ]),PREVIOUSMONTH(' 日历 '[Date])),
    VALUES('T3 销售 '[T3 书号 ])
)
```

由于上述 DAX 表达式的计算结果是一个表,无法直接在数据透视表值区域中显示,因此需要借助 CONCATENATEX() 函数将表转换成一个用指定符号连接的字符串,最终的 DAX 表达式如下:

```
这个月少销售书籍 :=CONCATENATEX(
    EXCEPT(
```

```
        CALCULATETABLE(VALUES('T3 销售'[T3 书号]),PREVIOUSMONTH(' 日历'
[Date]))),
        VALUES('T3 销售'[T3 书号])
    ),
    'T3 销售'[T3 书号],",","
)
```

采用类似的思路，我们设计出DAX表达式"这个月新销售书籍"，不同的是EXCEPT() 函数的两个参数调换了一下顺序。

```
这个月新销售书籍:=CONCATENATEX(
    EXCEPT(
        VALUES('T3 销售'[T3 书号]),
        CALCULATETABLE(VALUES('T3 销售'[T3 书号]),PREVIOUSMONTH(' 日历'
[Date]))
    ),
    'T3 销售'[T3 书号],",","
)
```

在设计好这两个DAX 表达式之后，我们就可以到 Power Pivot 超级数据透视表中去检验一下了。在 Power Pivot 数据模型管理界面中，选择"主页"→"数据透视表"→"数据透视表"命令，如下图所示，回到 Excel 工作表界面，选择在新的工作表上生成数据透视表。

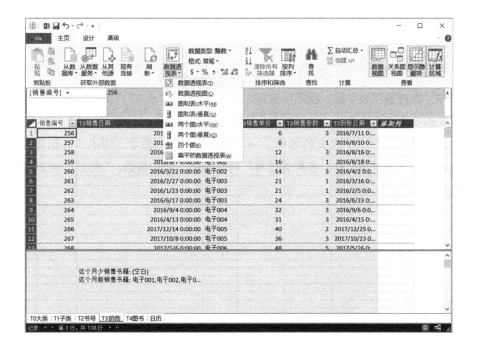

在 Excel 工作表界面，选中数据透视表中任意一个单元格，在 Excel 工作表界面右侧的"数据透视表字段"视图中，我们看到表的名称竟然是毫无意义的"表1""表2""表3""表4""表5"，只有"日历"表的名称是有意义的。

出现这种情况的原因是，在我们将 Excel 工作表中的数据加载到 Power Pivot 数据模型中时，在"创建表"那一步，Excel 给表起了一个默认名称，尽管我们在 Power Pivot 数据模型管理界面中对表进行了重命名，但在"数据透视表字段"视图中，表还是沿用 Excel 创建表时的默认名称。

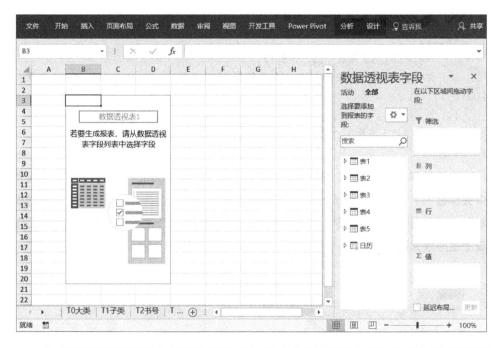

在"数据透视表字段"视图中显示"表1""表2""表3""表4""表5"这种毫无意义的名称不便于理解，必须修改，修改方法如下。

选择"公式"→"定义的名称"→"名称管理器"命令，弹出"名称管理器"对话框，如下图所示。在"名称管理器"对话框中，我们看到，"表1""表2"等是在这里定义的。

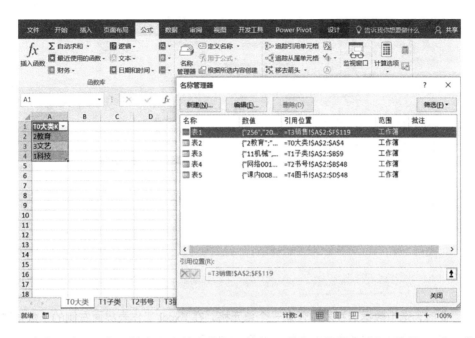

选中"表1"表，单击上方的"编辑"按钮，弹出"编辑名称"对话框。在"编辑名称"对话框的"引用位置"处看到，"表1"引用的是"T3销售"表中的数据。因此我们将"表1"的名称改为"T3销售"，然后单击"确定"按钮，如下图所示。

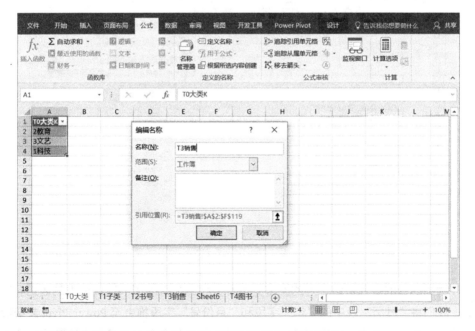

用同样的方法修改其他表的名称，最终效果如下图所示。

此时，选中数据透视表中任意一个单元格，在 Excel 工作表界面右侧的"数据透视表字段"视图中的各表已经改为了有意义的名称。

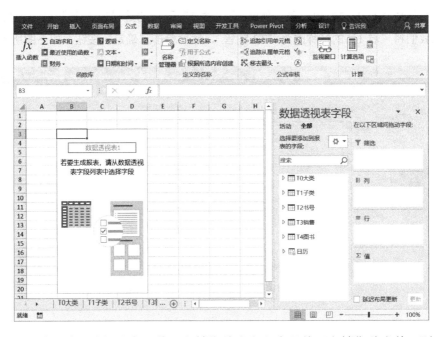

我们的目的是分析这个月的图书销售种类和上个月的图书销售种类的区别。因此，我们将"日历"表中的"年"字段和"月份号"字段拖曳至 Power Pivot 超级数据透视表的行标题中，如下图所示。之所以拖曳这两个字段，是因为这两个字段是数字字段，可以自动排序。

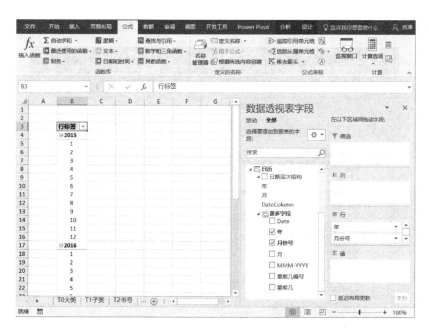

接下来，将DAX表达式"这个月少销售书籍"和DAX表达式"这个月新销售书籍"拖曳至Power Pivot超级数据透视表值区域中即可得到计算结果，如下图所示。我们只需要每个月的计算结果，而加重的字体是按年计算的汇总值，我们不需要，需要移除。

右击Power Pivot超级数据透视表中任意一个单元格，在弹出的快捷菜单中选择

"数据透视表选项"命令，如下图所示，弹出"数据透视表选项"对话框。

在"数据透视表选项"对话框中选择"显示"选项卡，在"显示"选项组中勾
选"经典数据透视表布局（启用网格中的字段拖放）"复选框，如下图所示。之后，
在数据透视表中就会有更多设置选择。

单击"确定"按钮回到数据透视表界面，右击带有"汇总"字样的单元格，在
弹出的快捷菜单中选择"分类汇总'年'"命令，如下图所示，即可关闭这一层级上
的分类汇总显示。

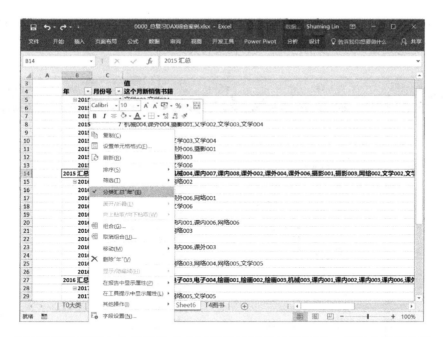

此时数据透视表上个年份的分类汇总显示已经被关闭了。但现在的问题是，数据透视表值区域中的两个值字段太宽了，由于屏幕限制我们只能看到一个值字段，需要调整。我们本想通过移动列的边框调整列宽，可是列太宽了不好选。调整列宽的方法是选中这一列并右击，在弹出的快捷菜单中选择"列宽"命令，如下图所示，然后在弹出的对话框中设置合适的列宽。

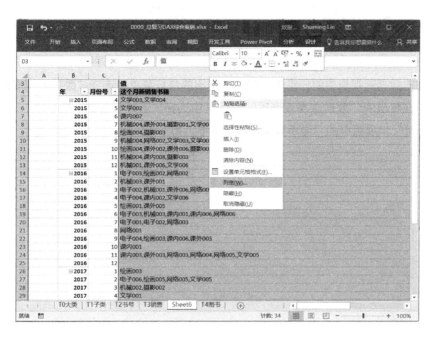

现在，数据透视表的列宽已经设置好了，我们可以看到两个值字段中的数据了，但是列汇总还在，这个我们也不需要，需要将其关闭。

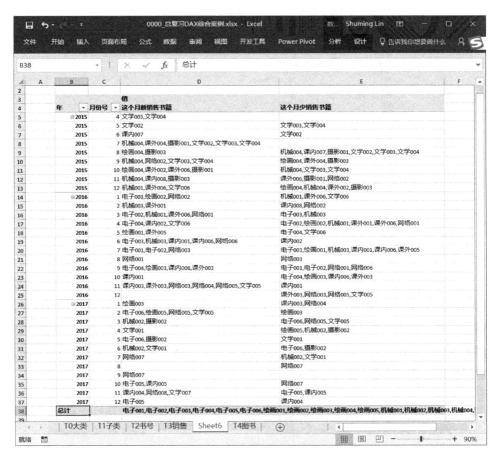

右击数据透视表中的任意单元格，在弹出的快捷菜单中选择"数据透视表选项"命令，在弹出的"数据透视表选项"对话框中选择"汇总和筛选"选项卡，取消勾选"总计"选项组中的"显示列总计"复选框，如下图所示。

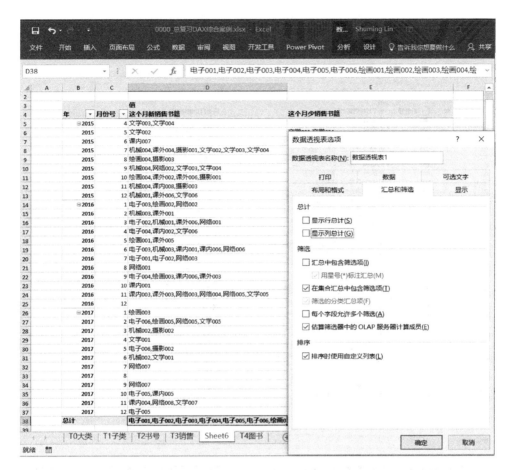

现在的数据透视表基本达到我们需要的效果了，接下来的任务是抽样验证 **DAX**
表达式的计算结果是否正确。

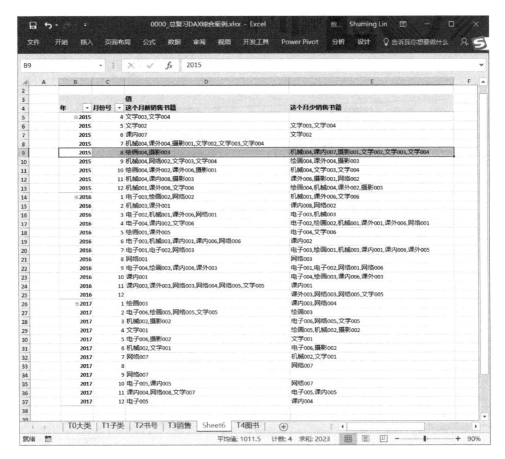

要验证 DAX 表达式的计算结果是否正确，我们需要知道这个月和上个月的图书销售数据，为了方便验证，我们在数据透视表中再增加一个 DAX 表达式，用于显示当月的图书销售种类。

在一般情况下，DAX 表达式是在 Power Pivot 数据模型管理界面中的 DAX 表达式编辑区中的单元格中输入的。其实，我们在 Excel 工作表界面也可以输入设计好的 DAX 表达式，方法如下。

选择"Power Pivot"→"度量值"→"新建度量值"命令，如下图所示，弹出"度量值"对话框。

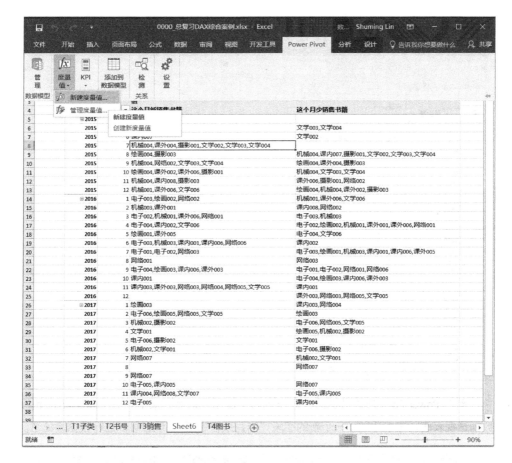

在"度量值"对话框中填写如下内容，然后单击"确认"按钮，如下图所示。

（1）在"表名"下拉列表中选择"T3销售"选项，表示DAX表达式将写在Power Pivot数据模型中的"T3销售"表下方的DAX表达式编辑区中的单元格中。

（2）在"度量值名称"文本框中填写"当月所售书籍"。

（3）在"说明"文本框中可以填写一些说明文字，这里我们留白。

（4）在"公式"文本域中填写如下DAX表达式：

```
=CONCATENATEX(VALUES('T3 销售 '[T3 书号]),'T3 销售 '[T3 书号],",")
```

（5）在"格式设置选项"的"类别"列表框中选择"常规"选项。如果知道DAX表达式的计算结果的数据类型，则可以选择相应的选项。

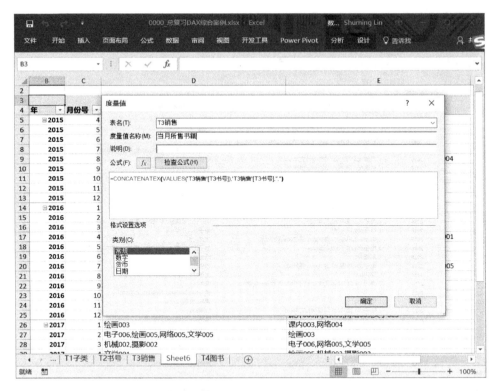

新的 Power Pivot 超级数据透视表布局如下图所示。我们看到，在 Power Pivot 超级数据透视表值区域中添加了一个新的字段"当月所售书籍"，现在可以进行数据验证了。

以 2016 年 11 月份的图书销售数据为例。

上个月（2016 年 10 月）所售书籍：课内 001。

当前月（2016 年 11 月）所售书籍：课内 003, 课外 003, 网络 003, 网络 004, 网络 005, 文学 005。

这里数据不多，无须使用其他验证方法，只需手动对比一下。

这个月新销售书籍：课内 003, 课外 003, 网络 003, 网络 004, 网络 005, 文学 005。

这个月少销售书籍：课内 001。

将上述手动对比结果与 DAX 表达式的计算结果进行对比，即可验证我们设计的 DAX 表达式的计算结果是正确的。

在本书中，我们还介绍过 VAR 变量技术。如果使用 VAR 变量技术，那么 DAX 表达式"这个月少销售书籍"与 DAX 表达式"这个月新销售书籍"会变得更容易理解。使用了 VAR 变量技术的 DAX 表达式如下：

```
这个月少销售书籍VAR:=
VAR preMonthData=CALCULATETABLE(
    VALUES('T3 销售 '[T3 书号 ]),PREVIOUSMONTH(' 日历 '[Date])
    )
VAR curMonthData=VALUES('T3 销售 '[T3 书号 ])
RETURN
CONCATENATEX(
    EXCEPT(preMonthData,curMonthData),
    'T3 销售 '[T3 书号 ],","
)
```

```
这个月新销售书籍VAR:=
VAR preMonthData=
    CALCULATETABLE(VALUES('T3 销售 '[T3 书号 ]),PREVIOUSMONTH(' 日历 '[Date])
)
VAR curMonthData=VALUES('T3 销售 '[T3 书号 ])
RETURN
CONCATENATEX(
    EXCEPT(curMonthData,preMonthData),
    'T3 销售 '[T3 书号 ],","
)
```

到这里，本章的案例已经讲解完毕。

下面我们给大家介绍一种前面没有使用过的 DAX 表达式的设计方法：在 DAX 表达式中引用已经存在的 DAX 表达式。例如，在计算图书子类销售金额不低于

1000 元的图书子类销售总金额时，我们设计的 DAX 表达式如下：

```
特定子类销售额3:=
VAR myFilter=FILTER(
    'T1 子类',
    CALCULATE(SUMX('T3 销售','T3 销售 '[T3 销售册数]*'T3 销售 '[T3 销售单
价]))>=1000
    )
RETURN
CALCULATE(SUMX('T3 销售','T3 销售 '[T3 销售册数]*'T3 销售 '[T3 销售单价]),
myFilter)
```

　　DAX 表达式"特定子类销售额 3"的设计思路：在当前数据透视表筛选环境下的所有图书子类中，通过对图书子类进行筛选，只保留销售金额不低于 1000 元的图书子类，然后只对满足筛选条件的图书子类进行销售金额汇总，其计算结果为 4841 元。

　　其实，完成这个任务还有另一种方法：在 Power Pivot 数据模型中的"T3 销售"表中先设计一个简单的 DAX 表达式，用于计算销售金额，其 DAX 表达式如下：

```
图书销售金额 :=SUMX(
    'T3 销售',
    'T3 销售 '[T3 销售单价]*'T3 销售 '[T3 销售册数]
)
```

　　然后在下面的 DAX 表达式中通过名称引用 DAX 表达式"图书销售金额"。

```
特定子类销售额4:=
VAR myFilter=FILTER('T1 子类',
    [图书销售金额]>=1000
)
RETURN CALCULATE(
    [图书销售金额],
    myFilter
)
```

　　DAX 表达式"特定子类销售额 4"与 DAX 表达式"特定子类销售额 3"的计算结果相同，都是 4841 元。这里隐含地利用了 DAX 表达式的一个规则：当我们在一个 DAX 表达式中通过名称引用一个已经存在的 DAX 表达式时，会隐含地在这个已经存在的 DAX 表达式外面包裹一个 CALCULATE() 函数。因此，DAX 表达式"特定子类销售额 4"可以改写为如下 DAX 表达式：

```
特定子类销售额4:=
```

```
VAR myFilter=FILTER('T1 子类 ',
    CALCULATE(SUMX('T3 销售 ','T3 销售 '[T3 销售单价 ]*'T3 销售 '[T3 销售册
数 ]))>=1000
)
RETURN CALCULATE(
    CALCULATE(SUMX('T3 销售 ','T3 销售 '[T3 销售单价 ]*'T3 销售 '[T3 销售册数 ])),
    myFilter
)
```

上述 DAX 表达式与 DAX 表达式 "特定子类销售额 3" 的计算结果相同。

需要注意的是，当在一个 DAX 表达式中通过名称引用另一个已经存在的 DAX 表达式时，不要在被引用的 DAX 表达式的名称前面加表名称。即 [图书销售金额] 不要写成 'T3 销售 '[图书销售金额]，以便与在 DAX 表达式中引用表中的列加以区分。

后记

感谢您阅读本书！

Power Pivot 最早出现在 Excel 2010 中，那时还需要到微软官方网站单独下载插件，自己配置，安装过程非常麻烦，而且经常出现莫名其妙的错误信息。在 Excel 2013 中，Power Pivot 插件已经集成到 Excel 软件中了。

作者第一次接触 Power Pivot 是在 2009 年，Excel 2010 已经发布了。当时的学习资料甚少，托人在国外买了本电子书，下载了一部外国作者写的电子版的 Power Pivot 入门。说是入门，其实就是官方文档"搬家"，主要介绍 DAX 函数语法，几乎没有介绍 Power Pivot 数据模型与 DAX 表达式之间密不可分的关系，读完以后感觉一头雾水。

作者本身天资并不优秀，所以比较认可"书读百遍，其义自见"的道理。于是一遍看不懂，看第二遍，第二遍看不懂，看第三遍，特别是那些令人费解的部分，反复阅读，辅助以其他资源，经过不断学习和深入思考，终于将那些书中看起来不太连贯的逻辑打通了。

虽然自己搞明白了 Power Pivot 与 DAX 的大逻辑，但学习期间的挫败感让作者不禁思考：一个软件设计得这么难用，是不是从一开始软件的设计蓝图就有问题？国外一位有名的 Power Pivot 与 DAX 的专家曾承认，他花了几年时间才彻底搞懂 DAX 中的一些问题。既然一位专家都觉得难的软件，怎么能让普通 Excel 用户接受呢？

经过反复学习和独立思考，作者发现：Power Pivot 与 DAX 之所以让普通学习者感觉困难，不是软件设计者的问题，而是学习方法有问题。抛弃那些晦涩难懂的专业术语，换一个角度理解 Power Pivot 数据模型与 DAX 表达式，你会豁然开朗，原来 Power Pivot 与 DAX 并不是那么难，人人都能学会。

本书尝试以一种全新的角度讲解 Power Pivot 数据模型与 DAX 表达式，并且在 Power Pivot 数据模型中使用了"抽取式数据库"的说法。基于这种理解，你会发现很多复杂的概念和逻辑变得容易理解了。

　　本书重点帮助大家理解 Power Pivot 与 DAX 的大逻辑，特别强调 Power Pivot 数据模型对 DAX 表达式设计的重要性。可以说，没有深刻地理解 Power Pivot 数据模型就学习 DAX 表达式是肤浅的，甚至是完全错误的！对于 DAX 函数，本书重点介绍与 Power Pivot 数据模型关联紧密的 DAX 函数，如 CALCULATE() 函数、筛选函数、逐行处理函数等，至于简单运算型函数，参考官方文档就足够了。

　　尝试和创新往往意味着一定的风险。作者承认这本书不是完美的，而且仅仅是一本入门书。但本书关于 Power Pivot 与 DAX 的讲解，作者认为是独创、有效、值得推广的，阅读本书是您和作者共同的幸运！关于本书中的不足，敬请广大读者提出宝贵意见和建议，以便在再版时将您的宝贵意见和建议纳入其中。

　　最后再次向大家表示感谢，感谢您阅读本书，感谢您长期以来对作者的支持和关爱！作者的微博：@MrExcel，欢迎大家在线交流。

反侵权盗版声明

电子工业出版社依法对本作品享有专有出版权。任何未经权利人书面许可，复制、销售或通过信息网络传播本作品的行为；歪曲、篡改、剽窃本作品的行为，均违反《中华人民共和国著作权法》，其行为人应承担相应的民事责任和行政责任，构成犯罪的，将被依法追究刑事责任。

为了维护市场秩序，保护权利人的合法权益，我社将依法查处和打击侵权盗版的单位和个人。欢迎社会各界人士积极举报侵权盗版行为，本社将奖励举报有功人员，并保证举报人的信息不被泄露。

举报电话：（010）88254396；（010）88258888

传　　真：（010）88254397

E－m a i l：dbqq@phei.com.cn

通信地址：北京市万寿路 173 信箱　电子工业出版社总编办公室

邮　　编：100036